长江经济带水环境质量
与防治技术专利分析

魏　凤　邓阿妹　郑启斌　等　编著

中国科学院武汉文献情报中心标准分析研究中心　研发

ZHEJIANG UNIVERSITY PRESS

浙江大学出版社

"长江经济带水环境质量与防治技术
专利分析"研究组

组　　长：魏　凤

副 组 长：邓阿妹　郑启斌　高国庆

主要成员：周　洪　孙玉琦　杨　锐
　　　　　张　敏　仇华炳　丰米宁
　　　　　段力萌　石德太

序

　　推动长江经济带发展,是党中央、国务院把握引领经济发展新常态,科学谋划中国经济新棋局的一项重大国家战略,既利当前,又惠长远,对于实现"两个一百年"奋斗目标和中华民族伟大复兴的中国梦,具有重大现实意义和深远历史意义。

　　党的十八大以来,以习近平同志为核心的党中央把生态文明建设作为统筹推进"五位一体"总体布局和协调推进"四个全面"战略布局的重要内容,提出一系列新理念新思想新战略,形成了习近平生态文明思想,为新时代大力推进生态文明建设,提供了根本遵循、指明了实践路径。全党和全国人民以习近平生态文明思想为指引,大力推进生态文明建设,以前所未有的决心和力度推进美丽中国建设。习近平生态文明思想不仅是"人与自然和谐共生""绿水青山就是金山银山""山水林田湖草是生命共同体"等可持续发展观的高度概括,也将指导生态文化体系、生态经济体系、目标责任体系、生态文明制度体系和生态安全体系的建立。

　　水环境涵盖地表水、地下水和大气水等。水环境污染防治主要侧重水质量监测、污染源头治理和管理、水质净化等方面。目前,美国已建立了一套以生物种群、毒性试验、微生物测试和鱼组织污染物为核心技术指标的水环境生物监测技术体系,为有效跟踪水环境污染程度、明确水环境质量控制目标与质量要求奠定了基础。日本则构建了集成天然或人工湿地植物净化、水培植物净化、水生植物和滤材结合净化、生物浮床等技术的水环境恢复技术体系。我国重点开展了重金属、农药、持久性有机污染物、石油等水体污染修复共性技术研究,并开展了区域性示范验证工作。目前,污水处理,特别是雨污分离和农村黑臭水体治理,仍是迫切需要研究的问题。

《长江经济带生态环境保护规划》明确指出,长江中下游江湖关系紧张,水生生物多样性指数持续下降,湖库富营养化未得到有效控制。2018年4月26日,习近平总书记考察调研长江生态环境修复工作时强调,推动长江经济带发展,必须坚持生态优先、绿色发展的战略定位。习近平总书记为长江经济带的环境保护与经济发展指明了方向和建设目标。因此,聚焦长江经济带水环境问题,开展流域水环境综合治理工作,构建人水和谐、生态永续的发展模式,是有效推进长江经济带可持续发展、切实贯彻"共抓大保护、不搞大开发"和推进美丽中国建设的科学基础。

李恒鹏

2020年9月

前　言

长江经济带涉及11省市,面积约205万平方公里,其中森林和湖泊湿地的面积分别约为96.7万平方公里和14.8万平方公里,共设立自然保护区、风景名胜区等自然保护地3065处,面积达38.7万平方公里;2017年水资源总量约1.34万亿立方米,用水总量约2475.87亿立方米。

长江经济带横跨我国东中西三大区域,人口和生产总值均超过全国总量的40%,具有独特优势和巨大发展潜力。改革开放以来,长江经济带已发展成为我国综合实力最强、战略支撑作用最大的区域之一。

根据审计署2018年第3号公告《长江经济带生态环境保护审计结果》(总第297号),目前,长江经济带11省市都存在不同程度的水资源过度开发利用的情况,从而导致长江水资源不仅存在污染,而且某些区域出现不同程度的断流。具体问题包括以下几个方面。

(1)资源过度开发。长江流域存在违规建设水电站、无证取水、超额用水等问题,致使333条河流出现不同程度断流,断流河段总长约1017公里。存在违规建设小水电、已报废停运电站未拆除拦河坝等建筑物、无证取水和超量取水、网络非法销售电鱼机等问题。

(2)生态保护在市县级薄弱。长江经济带11省市中,有7个省有关市县突破国家、省两级审批制度,自行设立开发区249个(其中2016年以来新设8个),占地447万亩,其中有72个设立5年以上但建成率不足5成,还有10个与基本农田重叠2.77万亩。

(3)环境污染监管力度不够。2016年以来,3个省有21个新建或扩建的化工、造纸等项目,未履行环评或产能置换等审批手续。

(4)产业高排放高污染状况严重。

(5)环境治理能力不足。长江经济带流域的污水处理能力、垃圾处理能力不足,政府对化工造纸新企业、危险物品等监管审批力度不够,开发区配套措施、环评工作等还不足,致使国家级重要湖泊水质仍未明显改善,污水排放量在2017年全年达到2.24亿吨。

长江经济带的发展在我国经济体系中具有举足轻重的地位,为了更好地发展经济,提升人民生活水平,需要详细掌握长江经济带的环境问题,制定切实有效、行之有效的发展方案。因此,本书将对长江经济带涉及的11省市水污染情况进行调研和评估分析,期望更加详细地了解长江经济带水资源环境质量;基于近50年的专利数据,对全球水污染防治技术开展分析,深入了解我国水污染防治技术的研究与发展情况、在全球的站位以及主要的专利权人、技术分布情况,为帮助长江经济带水资源治理、生态修复和可持续发展提供参考支撑。

本书的研究得到了中国科学院"美丽中国生态文明建设科技工程"A类战略性先导科技专项、武汉文献情报中心长江经济带环境数据平台建设项目的支持。由于时间较紧,书中内容疏漏之处还请各位读者批评指正,我们将在下一步工作中改进。

在本书撰写过程中,得到了中国科学院重大科技任务局任小波处长、前沿科学与教育局段晓男处长、水生生物研究所王洪铸研究员与韩冬研究员、南京湖泊与地理研究所李恒鹏研究员等的帮助和指导,在此表示衷心的感谢。

魏 凤

2020年9月

目　录

第3章

水污染及其防治技术　　　　　51

——

第4章
全球水污染防治技术专利比较分析　69

——

第5章

水污染防治技术专利国别分析　　　87

——

第6章

水污染防治技术专利主要专利权人分析　　　101

——

第1章　长江经济带的发展机遇

　　长江经济带包括11省市(云南省、四川省、贵州省、重庆市、湖北省、湖南省、江西省、安徽省、江苏省、浙江省、上海市),其中上游省市为云南、贵州、四川、重庆,中游省为湖北、湖南、江西、安徽,下游省市为江苏、浙江、上海。长江经济带在我国经济发展中占据重要位置,党和国家特别关心长江经济带11省市的发展。2016年,长江经济带11省市在约20%的国土面积上创造的GDP超过全国GDP总量的40%,国家各部委制定了各种相关发展规划以支持长江经济带的发展。本章将重点阐述党的十八大以来国家各部委层面为长江经济带设计的规划蓝图。

1.1　长江经济带的战略发展迎来新机遇

　　推动长江经济带发展,是党中央、国务院把握引领经济发展新常态,科学谋划中国经济新棋局的一项重大国家战略。2012年以来,国家领导人多次发表重要讲话,对长江经济带的高质量发展、流域管理治理和生态修复等方面给予重要指示。

　　2013年7月,习总书记在武汉调研时指出,长江流域要加强合作,发挥内河航运作用,把全流域打造成黄金水道。2014年12月,习总书记做出重要批示,强调长江通道是我国国土空间开发最重要的东西轴线,在区域发展总体格局中具有重要战略地位,建设长江经济带要坚持"一盘棋"思想,理顺体制机制,加强统筹协调,更好发挥长江黄金水道作用,为全国统筹发展提供新的支撑。2016年1月,习总书记在重庆召开推动长江经济带发展座谈会并发表重要讲话,全面深刻阐述了长江经济带发展战略的重大意义、推进思路和重点任务。此后,习总书记又多次发表重要讲话,强调推动长江经济带发展必须走生态优先、绿色发展之路,涉及长江的一切经济活动都要以不破坏生态环境为前提,共抓大保护、不搞大开发,共同努力把长江经济带建成生态更优美、交通更顺畅、经济更协调、市场更统一、机制更科学的黄金经济带。

2018年4月26日,习总书记在武汉召开深入推动长江经济带发展座谈会并发表重要讲话,指出"推动长江经济带发展是党中央作出的重大决策"。长江经济带发展每一步都要稳扎稳打,通过长江经济带发展战略,就是要使长江经济带走出一条绿色低碳循环发展的道路。

2019年8月31日,《求是》杂志重温习总书记在武汉会议的重要讲话,发表习总书记的重要文稿《在深入推动长江经济带发展座谈会上的讲话》。文章强调,新形势下,推动长江经济带发展,关键是要正确把握几个关系,坚持新发展理念,坚持稳中求进工作总基调,坚持共抓大保护、不搞大开发,加强改革创新、战略统筹、规划引导,使长江经济带成为引领我国经济高质量发展的主力军。文章指出,要全面把握长江经济带发展的形势和任务,正确把握几个关系。第一,正确把握整体推进和重点突破的关系,全面做好长江生态环境保护修复工作;第二,正确把握生态环境保护和经济发展的关系,探索协同推进生态优先和绿色发展新路子;第三,正确把握总体谋划和久久为功的关系,坚定不移将一张蓝图画到底;第四,正确把握破除旧动能和培育新动能的关系,推动长江经济带建设现代化经济体系;第五,正确把握自身发展和协同发展的关系,努力将长江经济带打造成为有机融合的高效经济体。文章还指出,要加大推动长江经济带发展的工作力度。国家部委和沿江省市要认真贯彻落实党中央对推动长江经济带发展的总体部署和工作安排,加强组织领导,调动各方力量,强化体制机制,激发内生动力,坚定信心,勇于担当,抓铁有痕、踏石留印,把工作抓实抓好,为实施好长江经济带发展战略而共同奋斗。

1.2 国家发布重要的长江经济带规划

为了推动长江经济带11省市的融合发展、共同发展和快速发展,国家相关部委在2014—2018年的5年间,有秩序、有重点、有步骤地部署了多项政策规划(见图1.1),包括总体规划、交通、城市群、环保、示范区、气象、工业、投资等8方面内容,共14项政府规划文件,涉及国家发改委、工信部、财政部、环保部、交通部、住建部等10多个部门,其中2016年制定的规划数量最多。

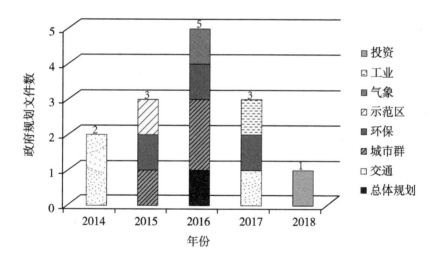

图1.1 2014—2018年国家各部委发布的长江经济带相关规划

我国最早在2014年制定了长江经济带交通发展规划,对铁路、公路、航空、水路进行了规划,当年合计制定了2项规划;2015年,针对长江经济带城市群、环保、国家示范区3个领域分别制定了发展规划;2016年,制定了长江经济带综合发展规划以及城市群、环保、气象等发展规划,合计5项规划;2017年,重点制定了交通、环保、工业等方向的3项规划;2018年,制定了1项投资管理政策。从上述数据看来,交通、城市群和环保这3个领域规划政策最多,各有3个。如果再加上2014年之前发布的大气、土壤污染治理政策,长江经济带在环保方面的政策最多,这表明了中央对长江经济带环境治理问题的重视和决心。

2014—2018年国务院及国家各部委发布的长江经济带相关规划如表1.1所示。

表1.1　2014—2018年国务院及国家各部委发布的长江经济带相关规划

序号	发布机构	发布时间	规划名称	主要内容
1	国务院	2014年9月	长江经济带综合立体交通走廊规划（2014—2020年）[1]	按照全面建成小康社会的总体部署和推动长江经济带发展的战略要求,建成畅通的黄金水道、高效的铁路网络、便捷的公路网络、发达的航空网络,基本建成区域相连的油气管网、一体发展的城际交通网,提升综合运输能力,率先建成网络化、标准化、智能化的综合立体交通走廊,为建设中国经济新支撑带提供有力保障
2	国务院	2014年9月	国务院关于依托黄金水道推动长江经济带发展的指导意见（国发〔2014〕39号）[2]	依托长江黄金水道,高起点高水平建设综合交通运输体系,推动上中下游地区协调发展、沿海沿江沿边全面开放,构建横贯东西、辐射南北、通江达海、经济高效、生态良好的长江经济带
3	国家发改委	2015年4月	国家发展改革委关于印发长江中游城市群发展规划的通知（发改地区〔2015〕738号）[3]	该规划是第一个跨区域城市群规划,立足于长江中游城市群发展实际,提出打造中国经济发展新增长极、中西部新型城镇化先行区、内陆开放合作示范区、"两型"社会建设引领区的战略定位以及到2020年和2030年两个阶段的发展目标
4	国务院	2015年4月	国务院关于印发水污染防治行动计划的通知（国发〔2015〕17号）[4]	主要指标:到2020年,长江流域水质优良（达到或优于Ⅲ类）比例总体达到70%以上,地级及以上城市建成区黑臭水体均控制在10%以内,地级及以上城市集中式饮用水水源水质达到或优于Ⅲ类比例总体高于93%,全国地下水质量极差的比例控制在15%左右,近岸海域水质优良（一、二类）比例达到70%左右,长三角区域力争消除丧失使用功能的水体;到2030年,流域水质优良比例总体达到75%以上,城市建成区黑臭水体总体得到消除,城市集中式饮用水水源水质达到或优于Ⅲ类比例总体达到95%左右

序号	发布机构	发布时间	规划名称	主要内容
5	国家发改委	2015年6月	关于建设长江经济带国家级转型升级示范开发区的实施意见（发改外资〔2015〕1294号）[5]	落实党中央和国务院的决策部署，顺应国际国内产业发展新趋势，依托长江经济带现有合规设立的国家级、省级开发区，规划建设示范开发区。充分发挥市场配置资源的决定性作用，更好发挥政府规划和政策的引导作用，经过3~5年努力，示范开发区的发展规模、建设水平、园区特色、主体地位显著提升，示范引领和辐射带动效应日益增强，参与国际分工地位和国际影响力明显提升，转型升级走在全国开发区前列。以示范开发区为引领和示范，推动长江经济带产业优化升级，实现长江上中下游地区良性互动，逐步形成以示范开发区为主、省级开发区为辅，且分工合理、特色鲜明、优势互补的长江经济带产业协同发展格局
6	国家发改委、住房城乡建设部	2016年4月	国家发展改革委住房城乡建设部关于印发成渝城市群发展规划（发改规划〔2016〕910号）[6]	成渝城市群是西部大开发的重要平台，是长江经济带的战略支撑，也是国家推进新型城镇化的重要示范区。培育发展成渝城市群，发挥其沟通西南西北、连接国内国外的独特优势，推动"一带一路"和长江经济带战略契合互动，有利于加快中西部地区发展、拓展全国经济增长新空间，有利于保障国土安全、优化国土布局
7	中国气象局	2016年4月	中国气象局发布长江经济带气象保障协同发展规划[7]	到2020年，气象部门将全面建成紧密服务于长江经济带发展需求的气象与行业大数据应用以及综合立体交通、流域气象、生态和城市群气象等专业服务中心；建立适应需求、快速响应、集约高效的新型气象保障服务业务体制；探索形成事企共同承担、分工合理、权属清晰、分类管理、协调发展的新型气象保障服务运行机制，为防灾减灾、综合立体交通、产业转型发展、新型城镇化和沿江绿色生态等提供优质保障服务
8	国家发改委、住房城乡建设部	2016年6月	国家发展改革委住房城乡建设部关于印发长江三角洲城市群发展规划（发改规划〔2016〕1176号）[8]	2016年5月11日，国务院常务会议通过该规划，提出培育更高水平的经济增长极。到2030年，全面建成具有全球影响力的世界级城市群。长三角城市群包括上海、江苏9城（南京、镇江、扬州、常州、苏州、无锡、南通、泰州、盐城）、浙江8城（杭州、嘉兴、湖州、绍兴、宁波、金华、舟山、台州）、安徽8城（合肥、芜湖、滁州、马鞍山、铜陵、池州、安庆、宣城）

序号	发布机构	发布时间	规划名称	主要内容
9	水利部	2016年10月	水利部关于印发长江经济带沿江取水口、排污口和应急水源布局规划(水资源函〔2016〕350号)[9]	主要开展了5个方面工作:(1)补充、复核了近年来的取水口、排污口及应急水源资料,并对其现状情况进行了评价;(2)提出了沿江取水口、排污口设置水域分区方案,将取水口设置水域划分为适宜取水区和不宜取水区,将排污口设置水域划分为禁止排污区、严格限制排污区和一般限制排污区;(3)根据分区成果,提出了沿江取水口、排污口整治及布局规划意见;(4)以提高城市供水安全保障及应急供水能力为目标,提出了沿江地级以上城市应急水源布局规划意见;(5)提出了建立健全取水口、排污口和应急水源的管理制度和执法监管体系的管理规划意见
10	国家发改委	2016年10月	长江经济带发展规划纲要[10]	确立了长江经济"一轴、两翼、三极、多点"的发展新格局。"一轴"是以长江黄金水道为依托,发挥上海、武汉、重庆的核心作用,构建沿江绿色发展轴;"两翼"分别指沪瑞和沪蓉南北两大运输通道,通过促进交通的互联互通,增强南北两侧腹地重要节点城市人口和产业集聚能力;"三极"是指长江三角洲、长江中游和成渝三个城市群,充分发挥中心城市的辐射作用,打造长江经济带的三大增长极;"多点"是指发挥三大城市群以外地级城市的支撑作用,加强与中心城市的经济联系与互动,带动地区经济发展
11	环保部、国家发改委、水利部	2017年7月	长江经济带生态环境保护规划(环规财〔2017〕88号)[11]	确立水资源利用上线,妥善处理江河湖库关系;划定生态保护红线,实施生态保护修复;坚守环境质量底线,推进流域水污染统防统治;全面推进环境污染治理,建设宜居城乡环境;强化突发环境事件预防应对,严格管控环境风险;创新大保护的生态环保机制政策,推动区域协同联动
12	交通运输部	2017年8月	交通运输部关于推进长江经济带绿色航运发展的指导意见(交水发〔2017〕114号)[12]	全面贯彻党的十八大和十八届三中、四中、五中、六中全会精神,统筹推进"五位一体"总体布局和协调推进"四个全面"战略布局,牢固树立和贯彻落实新发展理念,坚持生态优先、绿色发展,以推进供给侧结构性改革为主线,以长江生态环境承载力为约束,以资源节约集约利用为导向,以绿色航道、绿色港口、绿色船舶、绿色运输组织方式为抓手,努力推动形成绿色发展方式,促进航运绿色循环低碳发展,更好发挥长江黄金水道综合效益,为长江经济带经济社会发展提供更加有力的支撑

续表

序号	发布机构	发布时间	规划名称	主要内容
13	工业和信息化部、国家发改委、科技部、财政部、环保部	2017年6月	五部委关于加强长江经济带工业绿色发展的指导意见（工信部联节〔2017〕178号）[13]	紧紧围绕改善区域生态环境质量要求，落实地方政府责任，加强工业布局优化和结构调整，以企业为主体，执行最严格环保、水耗、能耗、安全、质量等标准，强化技术创新和政策支持，加快传统制造业绿色化改造升级，不断提高资源能源利用效率和清洁生产水平，引领长江经济带工业绿色发展
14	国家发改委	2018年2月	国家发展改革委关于印发《长江经济带绿色发展专项中央预算内投资管理暂行办法》的通知（发改基础规〔2018〕360号）[14]	重点用于支持有利于长江经济带生态优先、绿色发展。对保护和修复长江生态环境、改善交通条件具有重要意义的长江经济带绿色发展项目，主要包括生态环境突出问题整改项目、长江生态环境污染治理"4+1"工程项目、绿色发展示范工程、长江干支流水生态环境监测项目、沿江黑臭水体整治项目、绿色交通项目

1.3　我国生态资源环境领域的重大科技部署

为了推动长江经济带生态环境的治理和修复，我国还在重点地区和关键技术研发与应用方面部署了一系列重大科技任务，其中与长江经济带水污染防治有关的科技工作如表1.2所示。

表1.2　我国水污染防治领域重大科技任务部署

序号	科技任务	重点内容
1	水体污染控制与治理（科技重大专项，2008—2020）	京津冀区域综合调控重点示范（西北涵养水源、水生态修复、智慧水务、海绵城市、工业废水、供水保障技术等）、太湖流域综合调控重点示范、流域水环境管理、水污染治理技术体系集成与应用、饮用水安全保障技术体系集成与应用、典型流域（辽河、滇池）技术完善、验证、应用推广、国家水体污染控制与治理技术体系与发展战略
2	水资源高效开发利用（国家重点研发计划，2016—2020）	综合节水、非常规水资源开发利用、水之源优化配置、重大水利工程建设与安全运行、江河治理与水沙调控、水资源精细化管理等

1.4 小　结

　　长江经济带的生态环境关系到人民的生活福祉,因此得到了党和国家的高度关心和重视。当前是长江经济带11省市保持绿色发展和生态修复、生态安全的黄金期,国家和政府已经制定了一系列长江经济带健康、安全、绿色发展的规划,根据各省市特点,因地制宜地提出发展要求、总体目标、阶段性目标和举措,在高质量发展的同时,尤其注重绿色发展,考虑环境承载能力、生态的修复及环境保护问题。

参考文献

[1] 国务院.长江经济带综合立体交通走廊规划(2014—2020年)[EB/OL].(2014-09-12)[2019-11-01].http://www.gov.cn/zhengce/content/2014-09/25/content_9092.htm.

[2] 国务院.国务院关于依托黄金水道推动长江经济带发展的指导意见[EB/OL].(2014-09-15)[2019-11-01].http://www.gov.cn/zhengce/content/2014-09/25/content_9092.htm.

[3] 国家发改委.发展改革委印发长江中游城市群发展规划[EB/OL].(2014-04-13)[2019-11-01].http://www.gov.cn/xinwen/2015-04/16/content_2848120.htm.

[4] 国务院.国务院关于印发水污染防治行动计划的通知[EB/OL].(2015-04-16)[2019-11-01].http://www.gov.cn/zhengce/content/2015-04/16/content_9613.htm.

[5] 国家发改委.关于建设长江经济带国家级转型升级示范开发区的实施意见[EB/OL].(2015-06-09)[2019-11-01].http://www.ndrc.gov.cn/xxgk/zcfb/tz/201506/t20150630_963375.html.

[6] 国家发改委.国家发展改革委 住房城乡建设部关于印发成渝城市群发展规划的通知[EB/OL].(2016-04-27)[2019-11-01].http://www.ndrc.gov.cn/xxgk/zcfb/tz/

201605/t20160504_963034.html.

[7] 中国气象局.中国气象局发布长江经济带气象保障协同发展规划[EB/OL].
（2016-04-27）[2019-11-01].http://www.cma.gov.cn/2011xwzx/2011xqxxw/2011
xqxyw/201604/t20160427_310006.html.

[8] 国家发改委.国家发展改革委 住房城乡建设部关于印发长江三角洲城市群发展
规划的通知[EB/OL].(2016-06-01)[2019-11-01].http://www.ndrc.gov.cn/xxgk/
zcfb/zcfbghwb/201606/t20160603_962187.html.

[9] 水利部.水利部关于印发长江经济带沿江取水口、排污口和应急水源布局规划
[EB/OL].(2016-10-14)[2019-11-01].http://www.ywrp.gov.cn/jnyw/4454.html.

[10] 国家发改委.长江经济带发展规划纲要[EB/OL].(2016-10-11)[2019-11-01].
http://dqs.ndrc.gov.cn/qygh/201610/t20161011_822276.html.

[11] 环保部.长江经济带生态环境保护规划[EB/OL].(2017-07-17)[2019-11-01].
http://www.mee.gov.cn/gkml/hbb/bwj/201707/t20170718_418053.htm.

[12] 交通部.交通运输部关于推进长江经济带绿色航运发展的指导意见[EB/OL].
（2017-08-04）[2019-11-01].http://www.gov.cn/gongbao/content/2018/content_
5254327.htm.

[13] 工信部.五部委关于加强长江经济带工业绿色发展的指导意见[EB/OL].(2017-06-30)
[2019-11-01].http://www.miit.gov.cn/n1146295/n1652858/n1652930/n3757016/
c5746396/content.html.

[14] 国家发改委.国家发展改革委关于印发《长江经济带绿色发展专项中央预算内
投资管理暂行办法》的通知[EB/OL].(2018-02-28)[2019-11-01].http://www.
ndrc.gov.cn/fzggw/jgsj/zcs/sjdt/201804/t20180416_1145611.html.

第2章　长江经济带水环境质量分析

习总书记曾多次强调,推动长江经济带发展必须走生态优先、绿色发展之路,涉及长江的一切经济活动都要以不破坏生态环境为前提。水环境保护事关人民群众切身利益。当前,我国一些地区水环境质量差、水生态受损重、环境隐患多等问题十分突出,影响和损害群众健康,不利于经济社会持续发展。摸清水环境问题,有利于我们更好地保护环境,发展经济。因此本章将从长江经济带水环境评价、考核、排名断面分析以及长江经济带11省市水环境现状进行详细分析。

2.1　长江经济带总体水质状况

2016年3月16日,为进一步完善国家地表水环境监测网,环境保护部依据有关标准和监测规范,进一步优化监测点位布局,制定了《"十三五"国家地表水环境质量监测网设置方案》。"十三五"国家地表水环境监测网覆盖全国主要河流干流及重要的一级、二级支流,兼顾重点区域的三级、四级支流,重点湖泊、水库等,设定的断面(点位)具有区域空间代表性,能代表所在水系或区域的水环境质量状况,全面、真实、客观地反映所在水系或区域的水环境质量和污染物的时空分布状况及特征。本次调整后国控断面(点位)为2767个(河流断面2424个、湖库点位343个),其中评价、考核、排名断面(点

11

位)1940个,入海控制断面195个(其中85个同时为评价、考核、排名断面),趋势科研断面717个。

根据我国环境状况公报数据,对2012—2017年的长江流域水质情况[①]分析如下。

2.1.1 长江流域总体水质变化情况

长江流域总体水质在2014—2017年逐渐由差趋好的变化情况如图2.1

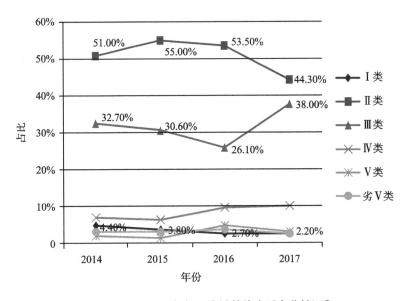

图2.1 2014—2017年长江流域总体水质变化情况[②]

---

① 水质评估主要遵照《地表水环境质量评价办法(试行)》(环办〔2011〕22号)。依据国家标准《地表水环境质量标准》(GB 3838-2002)[1]中除水温、总氮、粪大肠菌群以外的21项指标,依据各类标准限值,分别评价各项指标水质类别,然后按照单因子方法取水质类别最高者作为断面水质类别。Ⅰ~Ⅱ类水质可用于饮用水源一级保护区、珍稀水生生物栖息地、鱼虾类产卵场、仔稚幼鱼的索饵场等;Ⅲ类水质可用于饮用水源二级保护区、鱼虾类越冬场、洄游通道、水产养殖区、游泳区;Ⅳ类水质可用于一般工业用水和人体非直接接触的娱乐用水;Ⅴ类水质可用于农业用水及一般景观用水;劣Ⅴ类水质除调节局部气候外,使用功能较差。

② 数据来源:中华人民共和国生态环境部,历年中国环境状况公报。网址:http://www.mee.gov.cn/hjzl/zghjzkgb/lnzghjzkgb。图2.2至2.7的数据来源同此。

所示。2014—2015年水质最好,2016年水质达到低位,2017年又好转。长江流域以Ⅱ、Ⅲ类为主,Ⅰ~Ⅲ类水占比超过82.3%,Ⅳ~劣Ⅴ类水占比最高为15.5%。2014—2017年期间,Ⅰ类水占比逐渐降低,从2014年的4.4%降低到2017年的2.2%;Ⅱ类水水质由好变差,尤其在2016—2017年水质下降尤为严重,占比从53.5%下降到44.3%;Ⅲ类水占比在前三年逐年下降,到2017年增长到38%,变化率最大,增量中一部分来自Ⅱ类水水质变差,另一部分来自Ⅳ类水水质变好;Ⅳ水占比基本上呈逐年上涨趋势;Ⅴ类水占比呈波浪式上升趋势;劣Ⅴ类水占比略有下降,在2016年达到峰值3.5%。

2.1.2　长江流域干流水质变化情况

长江流域干流水质在2014—2017年的变化情况如图2.2所示。长江流域干流水质总体良好,Ⅰ~Ⅲ类水占比稳居94.9%以上,Ⅳ~Ⅴ类水占比不超过5.1%,无劣Ⅴ类水。2014—2017年期间,Ⅰ类水略有下降,Ⅱ、Ⅲ类水呈

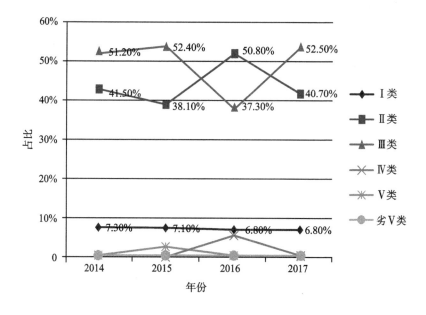

图2.2　2014—2017年长江流域干流水质变化情况

波浪式变化趋势,Ⅱ类水占比在2016年达到最高(50.8%),Ⅲ类水占比在2017年达到最高(52.5%),Ⅳ、Ⅴ类水仅分别在2016年、2015年出现过,劣Ⅴ类水一直未曾出现。

2.1.3 长江流域支流水质变化情况

长江流域支流水质在2014—2017年逐渐好转的变化情况如图2.3所示。从451个水质断面监测结果来看,长江流域支流的水质主要是Ⅱ、Ⅲ类水,占比超过78.5%,Ⅰ~Ⅲ类水占比超过80.7%。其中,Ⅰ、Ⅱ、劣Ⅴ类水占比呈逐年下降趋势,Ⅲ、Ⅳ类水占比呈总体上升趋势,而Ⅴ类水占比呈波浪式上升趋势。

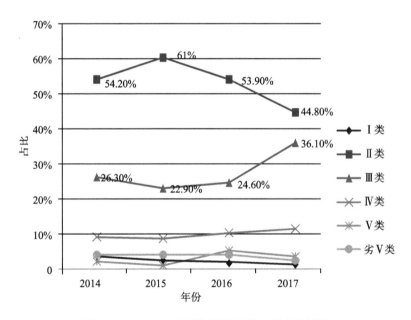

图2.3 2014—2017年长江流域支流水质变化情况

2.1.4　长江流域饮用水水质变化情况

可饮用水是指Ⅰ~Ⅲ类水,其他类水为非饮用水。2012—2017年长江流域可饮用水水质总体变化呈现下降趋势(见图2.4)[①],但在2017年止跌回升。长江流域可饮用水占比在2013年和2015年达到最高(89.4%),在2016年达到最低(82.3%),2017年略有回升;而非饮用水占比呈波浪式上升趋势,水质最差的劣Ⅴ类水占比呈下降趋势

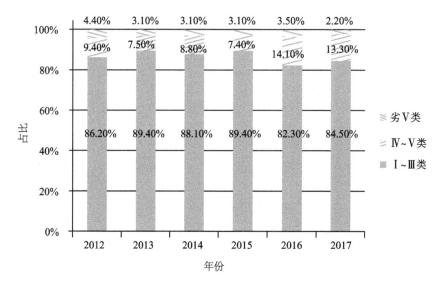

图2.4　2012—2017年长江流域可饮用水水质总体情况

2012—2017年长江流域干流可饮用水占比呈波浪式变化趋势(见图2.5),但均高于94.6%,其中,干流可饮用水占比在2013年、2014年、2017年均达到100%,在2016年达到最低(94.6%)。

---

① 总样本量为510个。

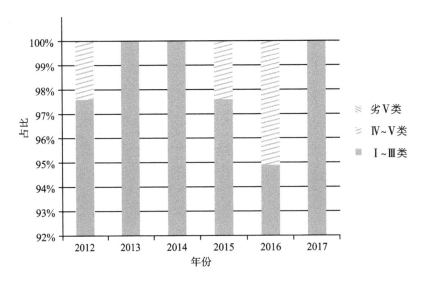

图2.5 2012—2017年长江流域干流可饮用水水质变化情况

2012—2017年长江流域支流可饮用水水质变化情况如图2.6所示。长江流域干流水水质总体好于支流水质。支流可饮用水占比基本上介于

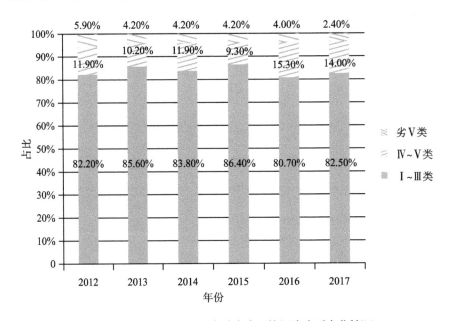

图2.6 2012—2017年长江流域支流可饮用水水质变化情况

80.7%和86.40%之间,非饮用水占比介于9.3%和15.3%之间,劣Ⅴ类水也占有一定比例。

2.1.5 长江流域地下水水质变化情况

2016—2017年中国环境状况公报新增了各流域片区地下水水质综合评价结果。2017年,以地下水含水系统为单元,以潜水为主的浅层地下水和承压水为主的中深层地下水为对象,原国土资源部门对全国31个省(区、市)223个地市级行政区的5100个监测点(其中国家级监测点1000个)开展了地下水水质监测。评价结果显示:2017年,水质为优良级、良好级、较好级、较差级和极差级的监测点分别占8.8%、23.1%、1.5%、51.8%和14.8%。主要超标指标为总硬度、锰、铁、溶解性总固体、"三氮"(亚硝酸盐氮、氨氮和硝酸盐氮)、硫酸盐、氟化物、氯化物等,个别监测点存在砷、六价铬、铅、汞等重(类)金属超标现象。2016—2017年长江流域地下水水质变化情况如图2.7所示。

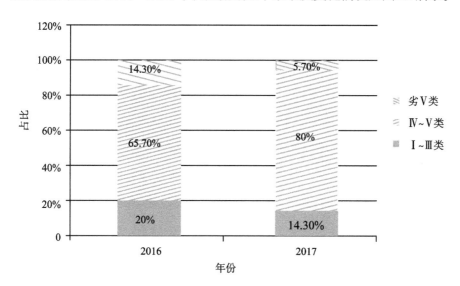

图2.7 2016—2017年长江流域地下水水质变化情况

2.2 长江经济带11省市水环境现状

长江经济带不同区域的发展会直接导致该地区的水环境问题,甚至会影响邻近地区的水质。开展长江经济带11省市水环境数据的分析,发现长江流域水环境的问题及存在的不足,不仅可以掌握长江经济带水环境的质量问题,还有助于提出有针对性的环境解决方案。长江上中下游城市的不同发展程度对环境的承载能力有直接影响,尤其是对水环境是否优良有不同程度的直接影响。根据生态环境部公布的数据,2013—2017年长江经济带11省市不同水质(Ⅰ、Ⅱ、Ⅲ、Ⅳ、Ⅴ、劣Ⅴ类)变化情况如图2.8至2.10所示。

2013—2017年长江经济带11省市Ⅰ~Ⅲ类水变化情况如图2.8所示。总体来看,上游水质普遍好于中游水质,中游水质普遍好于下游水质。贵州Ⅰ~Ⅲ类水占比最高,上海最低;云南、贵州、重庆、安徽、浙江、江苏Ⅰ~Ⅲ类水占比逐年上升,湖北、江西两省基本持平,而四川、上海Ⅰ~Ⅲ水占比低于五年前水平。

在长江上游地区,除四川外,云南、贵州、重庆总体水质较好,且逐渐向变好趋势发展,其中四川Ⅰ~Ⅲ类水占比在2013—2015年逐渐下降,在2016—2017年有所好转;在长江中游地区,湖北水质好于江西、安徽,安徽Ⅰ~Ⅲ类水占比在2016—2017年有所回升;在长江下游地区,浙江Ⅰ~Ⅲ类水占比高于江苏、上海,浙江、江苏Ⅰ~Ⅲ类水占比逐年提高,上海2017年水质不及2014年水平。

2013—2017年长江经济带11省市Ⅳ~Ⅴ类水变化情况如图2.9所示。总体来说,上海Ⅳ~Ⅴ类水占比最高,贵州最低,长江下游地区普遍较高;云南、重庆、浙江、江苏Ⅳ~Ⅴ类水占比逐年下降,四川、上海逐年上升,贵州、湖北、安徽则处于波动状况。

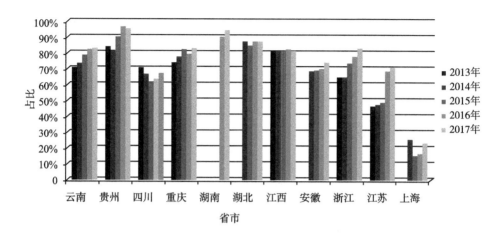

图2.8　2013—2017年长江经济带11省市Ⅰ~Ⅲ类水变化情况①

在长江上游地区,四川、重庆Ⅳ~Ⅴ类水占比较高,贵州最低;在长江中游地区,安徽Ⅳ~Ⅴ类水占比较高,湖北较低,江西仅公布2017年数据,湖南则未公布相关数据。

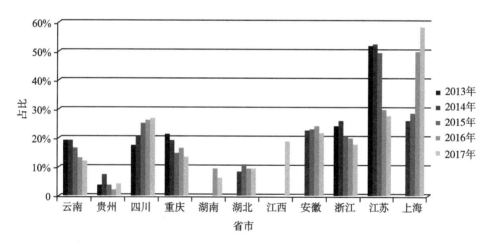

图2.9　2013—2017年长江经济带11省市Ⅳ~Ⅴ类水变化情况

2013—2017年长江经济带11省市劣Ⅴ类水变化情况如图2.10所示。总

---

①数据来源:中华人民共和国生态环境部,各省环境状况公报(湖南数据略,江西数据不全)。网址:http://www.mee.gov.cn/hjzl/zghjzkgb/gshjzkgb. 图2.9至2.10的数据来源同此。

体来说,上海劣Ⅴ类水占比最高,江苏最低,11省市劣Ⅴ类水占比都以不同程度逐年下降。

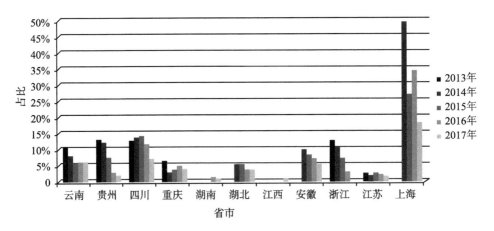

图2.10 2013—2017年长江经济带11省劣Ⅴ类水变化情况

综观2013—2017年长江经济带11省市Ⅰ~劣Ⅴ类水情况,云南、贵州、四川、重庆等长江上游地区Ⅰ~Ⅲ类水占比总体高于中游地区和下游地区,下游地区Ⅳ~Ⅴ类水占比较高。截至2017年底,除上海外的10省市Ⅰ~Ⅲ类水占比均超过66%,Ⅳ~Ⅴ类水占比不高于28%,劣Ⅴ类水占比均低于6%。

2.2.1　云南省水环境质量

（1）主要河流水环境质量

云南省[①]共有六大水系,即珠江水系、长江水系、红河水系、澜沧江水系、怒江水系、伊洛瓦底江水系。

2013—2017年,红河水系、澜沧江水系、怒江水系、伊洛瓦底江水系一直保持水质优良,珠江水系、长江水系水质为轻度污染。六大水系主要河流受污染程度由重到轻排序依次为长江水系、珠江水系、澜沧江水系、红河水系、

---

① 第2.2.1节数据来源:云南省生态环境厅,环境状况公报。网址:http://sthjt.yn.gov.cn/hj-zl/hjzkgb.

伊洛瓦底江水系、怒江水系。2013—2017年云南省六大水系主要河段水质占比情况如表2.1所示。Ⅰ、Ⅱ类水占比上升较快,而Ⅲ、Ⅳ、Ⅴ、劣Ⅴ类水占比则逐年下降。根据《云南省2017年环境状况公报》,云南省水质主要污染指标为总磷、化学需氧量、五日生化需氧量和高锰酸钾指数。

表2.1 2013—2017年云南省六大水系主要河段水质占比情况

年份	Ⅰ类	Ⅱ类	Ⅲ类	Ⅳ类	Ⅴ类	劣Ⅴ类
2013	2.23%	43.58%	24.58%	12.29%	6.70%	10.61%
2014	1.64%	46.99%	24.59%	13.11%	6.01%	7.65%
2015	2.17%	47.28%	28.80%	13.59%	2.72%	5.43%
2016	2.69%	57.53%	21.51%	10.22%	2.69%	5.38%
2017	4.35%	57.71%	20.55%	9.49%	2.37%	5.53%

(2)湖泊、水库的水质状况

2013—2017年云南省主要湖泊、水库①(湖库)水质占比情况如表2.2所示。2013年,云南省Ⅲ~Ⅴ类水占比非常高,而Ⅰ~Ⅱ类水占比五年最低;到了2017年,Ⅰ~Ⅱ类水占比已经显著提高,Ⅳ~劣Ⅴ类水占比达到五年低点,这表明湖库(湖泊、水库)的水质已经在明显好转。

表2.2 2013—2017年云南省主要湖库水质占比情况

年份	Ⅰ类	Ⅱ类	Ⅲ类	Ⅳ类	Ⅴ类	劣Ⅴ类
2013	2.24%	48.5%	34.33%	6.72%	1.49%	6.72%
2014	4.9%	60.7%	18.0%	4.9%	0	11.5%
2015	5.0%	61.7%	18.3%	3.3%	0	11.7%
2016	3.2%	62.9%	17.7%	3.2%	6.5%	6.5%
2017	9.4%	57.8%	18.8%	1.6%	6.2%	6.2%

2017年,云南省对63个湖库(水体)开展了湖泊富营养化状况监测,其中

---

① 2013—2017年,云南省湖泊、水库监测点在60到64个之间波动。

10个处于贫营养状态,45个处于中营养状态,2个处于轻度富营养状态,6个处于中度富营养状态;在云南省九大高原湖泊中,泸沽湖、抚仙湖水质为优,符合Ⅰ类标准,洱海、阳宗海水质符合Ⅲ类标准,程海(氟化物、pH不参与评价)水质符合Ⅳ类标准,滇池草海、杞麓湖水质符合Ⅴ类标准,滇池外海、异龙湖、星云湖水质属于劣Ⅴ类标准。

(3)饮用水质量

对云南省集中式饮用水源监测数据进行分析[1],2013—2017年云南省中心城市和县级城镇饮用水水质监测情况分别如表2.3和表2.4所示。其中,中心城市主要包括21个重点城市,即16个州(市)政府所在地以及个旧市、开远市、安宁市、瑞丽市、宣威市。中心城市的饮用水水质均在Ⅳ类以上,2014—2017年,饮用水水质基本在Ⅲ类以上,2017年Ⅰ类饮用水水质占比提高很快。而对于县级城镇而言,2013—2017年,95.2%以上饮用水水质均在Ⅲ类以上(含Ⅲ类)。

表2.3 2013—2017年云南省中心城市饮用水水质监测情况

年份	Ⅰ类	Ⅱ类	Ⅲ类	Ⅳ类	Ⅴ类	劣Ⅴ类
2013	9.5%	69.0%	19.1%	2.4%	—	—
2014	6.5%	73.9%	19.6%	—	—	—
2015	4.3%	84.8%	10.9%	—	—	—
2016	5.0%	77.5%	17.5%	—	—	—
2017	13.0%	69.6%	17.4%	—	—	—

表2.4 2013—2017年云南省县级城镇饮用水水质监测情况

年份	Ⅰ类	Ⅱ类	Ⅲ类	Ⅳ类	Ⅴ类	劣Ⅴ类
2013	—	—	—	—	—	—
2014	3.6%	68.3%	23.3%	2.4%	2.4%	—
2015	11.0%	68.3%	18.3%	0.6%	1.8%	—

年份	I类	II类	III类	IV类	V类	劣V类
2016	17.6%	61.2%	20%	0.6%	0.6%	—
2017	14.7%	68.9%	14.1%	1.7%	0.6%	—

（4）地下水质量

云南省地下水动态监测网包括7个监测地区：昆明、玉溪、曲靖、楚雄、大理、开远、景洪。对监测点进行水质的综合评价[1]，2013—2017年云南省孔隙水和基岩水质量变化情况分别如表2.5和表2.6所示。孔隙水质量发生两极化发展趋势，即优良级和极差级占比均所提高，而中间质量占比呈现下降趋势。基岩水质量呈现优良级占比下降、极差级占比上升的趋势，其中较好级和较差级占比均下降明显，良好级占比也有所下降，基岩水水质在逐步恶化中。

表2.5　2013—2017年云南省孔隙水质量变化情况

年份	优良级	良好级	较好级	较差级	极差级	主要超标指标
2013	2.63%	21.05%	2.63%	65.79%	7.90%	pH、锰、铁、氨氮、硝酸盐、亚硝酸盐、化学需氧量、氯根、总硬度、细菌总数、总大肠菌群等
2014	7.9%	15.8%	7.9%	60.5%	7.9%	
2015	15.79%	28.95%	7.89%	44.74%	2.63%	
2016	16.7%	22.2%	—	61.1%	—	
2017	19.45%	19.45%	—	52.8%	8.3%	

表2.6　2013—2017年云南省基岩水质量变化情况

年份	优良级	良好级	较好级	较差级	极差级	主要超标指标
2013	36.61%	42.86%	4.46%	16.07%	—	锰、亚硝酸盐、氨氮、pH、氟化物、化学需氧量、细菌总数、总大肠菌群等
2014	30.0%	39.1%	2.7%	27.3%	0.9%	
2015	41.82%	35.45%	0.91%	21.82%	—	
2016	35.5%	30.9%	—	3.6%	30.0%	
2017	33.65%	34.55%	—	0.9%	30.9%	

2.2.2　贵州省水环境质量

（1）主要河流水环境质量

贵州省①共有八大水系,即赤水河-綦江水系、乌江水系、沅水水系、柳江水系、牛栏江-横江水系、北盘江水系、南盘江水系、红水河水系。其中赤水河-綦江水系、乌江水系、沅水水系、牛栏江-横江水系属于长江水系,北盘江水系、南盘江水系、红水河水系、柳江水系属于珠江水系。

2013—2017年贵州省监测断面水质占比情况如表2.7所示。总体呈现出转好趋势,劣Ⅴ类水占比一直呈下降趋势,Ⅰ～Ⅲ类水占比逐渐升高。其中,2017年贵州省全省主要河流水质为优,纳入监测的79条河流151个监测断面中,地表水环境质量总体以Ⅰ～Ⅲ类水质为主,Ⅰ～Ⅲ类水质断面（143个）占94.7%,Ⅳ～Ⅴ类水质断面（6个）占4.0%,劣Ⅴ类水质断面（2个）占1.3%。值得说明的是,Ⅳ～劣Ⅴ类水质主要位于长江流域的乌江水系,主要污染指标为总磷、氨氮和化学需氧量。

表2.7　2013—2017年贵州省监测断面水质占比情况

年份	Ⅰ～Ⅲ类	Ⅳ～Ⅴ类	劣Ⅴ类
2013	83.6%	3.6%	12.8%
2014	81.2%	7.0%	11.8%
2015	89.4%	3.5%	7.1%
2016	96.0%	2.0%	2.0%
2017	94.7%	4.0%	1.3%

2013—2017年贵州省八大水系Ⅰ～Ⅲ类水质占比情况如表2.8所示。总体来看,珠江水系中的四个水系水质保持得非常不错,Ⅰ～Ⅲ类水占比基本都达到100%,长江水系中的乌江水系、沅水水系Ⅰ～Ⅲ类水占比逐年提升,

---

① 第2.2.2节数据来源:贵州省生态环境厅,环境状况公报。网址:http://sthj.guizhou.gov.cn/sjzx_70548/hjzlsjzx/hjzkgb。

而赤水河–綦江水系、牛栏江–横江水系Ⅰ～Ⅲ类水占比则保持在100%。乌
江水系的超标指标为总磷、氨氮和化学需氧量,沅水水系的主要污染指标为
总磷。除乌江水系外,其他七个水系水质总体为优。

表2.8　2013—2017年贵州省八大水系Ⅰ～Ⅲ类水质占比情况

年份	赤水河–綦江水系	乌江水系	沅水水系	牛栏江–横江水系	北盘江水系	南盘江水系	红水河水系	柳江水系
2013	100%	71%	77.80%	—	100%	83%	100%	100%
2014	100%	64.50%	77.80%	—	90%	100%	100%	100%
2015	100%	80.60%	83.30%	—	100%	100%	100%	100%
2016	100%	92.90%	93.30%	100%	100%	100%	100%	100%
2017	100%	89.50%	93.30%	100%	100%	100%	100%	100%

(2)湖泊、水库的水质状况

2013—2017年,贵州省主要对红枫湖、百花湖、阿哈水库、乌江水库、梭
筛水库、虹山水库、万峰湖和草湖这八个湖库设置了25个监测点,这些湖库
每年的水质占比情况如表2.9所示。总体上,无劣Ⅴ类水,Ⅰ～Ⅲ类水占比逐
年上升,Ⅳ类水占比明显下降,Ⅴ类水占比曾有所下降但在2017年又明显
上升。

表2.9　2013—2017年贵州省主要湖库水质占比情况

年份	Ⅰ～Ⅲ类	Ⅳ类	Ⅴ类	劣Ⅴ类
2013	56%	32%	12%	—
2014	64%	32%	4%	—
2015	80%	16%	4%	—
2016	84%	12%	4%	—
2017	84%	8%	8%	—

(3)饮用水质量

贵州省主要对中心城市和县城的饮用水水质进行常年监测。其中,中

心城市主要包括贵阳、遵义、六盘水、安顺、毕节、铜仁、凯里、都均和兴义9个城市,县城有74个。

2013—2017年贵州省饮用水水质达标情况如表2.10所示。9个中心城市的饮用水水质达标率均达到100%,74个县城的饮用水水质达标率在91.9%以上,2016年达到99.5%,2017年略有下降。

表2.10 2013—2017年贵州省饮用水水质达标情况

年份	9个中心城市达标率	74个县城达标率
2013	100%	91.9%
2014	100%	96.2%
2015	100%	98.3%
2016	100%	99.5%
2017	100%	98.4%

2.2.3 四川省水环境质量

(1)主要河流水环境质量

四川省①共有六大水系,即长江干流(四川段)、黄河干流(四川段)、金沙江水系、嘉陵江水系、岷江水系、沱江水系。其中黄河干流(四川段)水质自2016年起才被统计,因此2013—2015年仅统计其他五个水系。

2013—2017年四川省监测断面水质占比情况如表2.11所示。四川省水质总体呈现好转趋势,Ⅰ~Ⅱ类水占比逐年增加,劣Ⅴ类水和Ⅴ类水占比分别呈下降趋势。同时,Ⅳ类水占比增长较快,一是因为部分Ⅲ类水恶化至Ⅳ类水,二是因为部分劣Ⅴ类水和Ⅴ类水好转至Ⅳ类水。

---

① 第2.2.3节数据来源:四川省生态环境厅,环境状况公报。网址:http://sthjt.sc.gov.cn/sthjt/c104157/list_level2.shtml.

表2.11　2013—2017年四川省监测断面水质占比情况

年份	Ⅰ类	Ⅱ类	Ⅲ类	Ⅳ类	Ⅴ类	劣Ⅴ类
2013	2.2%	36.7%	31.7%	10.1%	7.2%	12.2%
2014	3.6%	36.7%	25.9%	12.9%	7.2%	13.7%
2015	4.4%	32.1%	24.8%	18.2%	6.6%	13.9%
2016	5.4%	38.8%	19.0%	18.4%	7.5%	10.9%
2017	4.8%	44.9%	17.0%	21.1%	5.4%	6.8%

2013—2017年四川省六大水系Ⅰ~Ⅲ类水质占比情况如表2.12所示。长江干流(四川段)、黄河干流(四川段)和金沙江水系Ⅰ~Ⅲ类水质占比均保持在100%;嘉陵江水系Ⅰ~Ⅲ类水质占比较高,但逐年有所下降;岷江水系Ⅰ~Ⅲ类水质占比不高,但逐年回升;沱江水系Ⅰ~Ⅲ类水质占比下降明显,值得警惕。

表2.12　2013—2017年四川省六大水系Ⅰ~Ⅲ类水质占比情况

年份	长江干流(四川段)	黄河干流(四川段)	金沙江水系	嘉陵江水系	岷江水系	沱江水系
2013	100%	—	100%	90.70%	55%	50%
2014	100%	—	100%	93%	52.50%	34.2
2015	100%	—	100%	93%	53.60%	18.40%
2016	100%	100%	100%	85.40%	61.50%	11.10%
2017	100%	100%	100%	89.60%	66.70%	13.90%

2017年,长江干流(四川段)、黄河干流(四川段)和金沙江水系总体水质均为优。在岷江水系中,干流水质总体良好,污染主要表现在彭山岷江大桥段、青神罗波渡至悦来渡口段,主要受总磷污染;支流水质总体为轻度污染,主要污染指标为总磷、氨氮、化学需氧量、高锰酸盐指数和生化需氧量。在沱江水系中,干流水质总体为轻度污染,无好于Ⅲ类水质的断面,主要污染

指标为总磷、氨氮;支流水质总体为中度污染,主要污染指标为总磷、化学需氧量、氨氮、高锰酸盐指数和生化需氧量。在嘉陵江水系中,干流水质优;支流水质良好,主要污染指标为总磷、化学需氧量、高锰酸盐指数、生化需氧量。

(2)湖泊、水库的水质状况

四川省主要湖库共有13个。2013—2015年,四川省公布了其中九个湖库①的水质情况,2016—2017年新增四个湖库②。2013—2017年四川省主要湖库水质达标率分别为77.8%、77.8%、66.7%、84.6%和92.3%。水质达标率在2015年下降到低点之后逐年上升,2017年水质明显好转。

2013—2017年四川省主要湖库水质占比情况及主要污染源如表2.13所示。大部分湖库水质在Ⅲ类以上,无Ⅴ类和劣Ⅴ类水质。

表2.13 2013—2017年四川省主要湖库水质占比情况及主要污染源

年份	Ⅰ类	Ⅱ类	Ⅲ类	Ⅳ类	Ⅴ类	劣Ⅴ类	主要污染源
2013	—	邛海、二滩水库、升钟水库	大洪湖、黑龙潭水库、老鹰水库、三岔湖、紫坪铺水库	鲁班水库	—	—	总磷
2014	—	邛海、二滩水库、升钟水库	大洪湖、黑龙潭水库、老鹰水库、三岔湖、紫坪铺水库	鲁班水库	—	—	总磷、总氮
2015	—	邛海、二滩水库、升钟水库	大洪湖、黑龙潭水库、三岔湖、鲁班水库、紫坪铺水库	老鹰水库	—	—	化学需氧量、总氮
2016	—	邛海、二滩水库、升钟水库、泸沽湖、白龙湖、双溪水库	黑龙潭水库、瀑布沟水库、紫坪铺水库、三岔湖、鲁班水库	大洪湖、老鹰水库	—	—	总磷污染

① 九个湖库指邛海、二滩水库、升钟水库、大洪湖、黑龙潭水库、老鹰水库、三岔湖、紫坪铺水库、鲁班水库。

② 新增四个湖库指泸沽湖、白龙湖、瀑布沟、双溪水库。

续表

年份	Ⅰ类	Ⅱ类	Ⅲ类	Ⅳ类	Ⅴ类	劣Ⅴ类	主要污染源
2017	泸沽湖、白龙湖	邛海、二滩水库、升钟水库	黑龙潭水库、瀑布沟、紫坪铺水库、老鹰水库、三岔湖、双溪水库、鲁班水库	大洪湖	—	—	总磷、粪大肠菌群、总氮

（3）饮用水质量

四川省主要对中心城市和县城的饮用水水质进行常年监测。其中,中心城市主要包括21个市(州)政府所在地。2013—2017年四川省饮用水水质达标情况如表2.14所示。21个中心城市的饮用水达标率均在99.2%以上;县城的饮用水达标率在93.8%以上并逐年回升,2017年达标率最高(99.1%)。2017年主要污染源为锰、总磷和溶解氧。

表2.14　2013—2017年四川省饮用水水质达标情况①

年份	21个中心城市达标率	统计县城数量	县城达标率	主要污染源
2013	99.2%	119	98%	—
2014	99.2%	103	93.8%	—
2015	99.3%	107	98.1%	—
2016	99.2%	112	98.7%	—
2017	99.7%	111	99.1%	锰、总磷、溶解氧

2.2.4　重庆市水环境质量

（1）主要河流水环境质量

重庆市②主要河流水质即长江干流和支流水质。2013—2017年,长江干流重庆段总体水质为优,Ⅰ～Ⅲ类水质占比均为100%;长江支流总体水质为良好。

---

① 采用总的实际测量值。

② 第2.2.4节数据来源:重庆市生态环境局,环境状况公报。网址:http://sthjj.cq.gov.cn/hjzl_249/hjzkgb。

2013—2017年重庆长江支流监测断面水质占比情况如表2.15所示。Ⅰ～Ⅲ类水占比上升,其他类水占比呈现下降趋势,这表明长江支流水质逐年好转。主要污染指标为化学需氧量、总磷、氨氮。

表2.15 2013—2017年重庆长江支流监测断面水质占比情况

年份	Ⅰ类	Ⅱ类	Ⅲ类	Ⅳ类	Ⅴ类	劣Ⅴ类
2013	0.70%	38.10%	34.60%	15.80%	5.00%	5.80%
2014	0.70%	33.60%	43.10%	13.00%	6.20%	3.40%
2015	1.40%	34.20%	45.90%	10.30%	4.10%	4.10%
2016	0.50%	47.00%	31.60%	11.70%	4.60%	4.60%
2017	0.50%	45.90%	36.20%	9.70%	3.60%	4.10%

近年来,重庆市水污染防治行动取得较好成效。2017年,114条河流196个监测断面中,Ⅰ～Ⅲ类、Ⅳ类、Ⅴ类和劣Ⅴ类水质的断面比例分别为82.6%(2016年79.1%)、9.7%(2016年11.7%)、3.6%(2016年4.6%)和4.1%(2016年4.6%);水质满足水域功能要求的断面占86.7%(2016年83.7%)。库区36条一级支流回水区呈富营养的断面比例为27.8%(2016年33.3%)。嘉陵江流域47个监测断面中,Ⅰ～Ⅲ类、Ⅳ类、Ⅴ类和劣Ⅴ类水质的断面比例分别为68.1%(2016年61.7%)、10.6%(2016年17.0%)、8.5%(2016年4.3%)和12.8%(2016年17.0%)。乌江流域21个监测断面中,Ⅰ～Ⅲ类和Ⅳ类水质的断面比例分别为90.5%(2016年90.5%)和9.5%(2016年4.8%)。

(2)饮用水质量

重庆市集中式饮用水源地水质良好,饮用水水质达标率①较高。2013年,重庆市59个城市集中式饮用水源地水质达标率为99.7%;2014—2015年,重庆市61个城市的饮用水源地水质达标率为100%;2016—2017年,重庆市64个城市的饮用水源地水质达标率为100%。

---

① 采用总的实际测量值。

2.2.5 湖南省水环境质量

（1）主要河流水环境质量

湖南省[①]共有七大水系,即湘江流域、资江流域、沅江流域、澧水流域、长江湖南段、环洞庭湖河流、珠江流域。湖南省在湘江、资江、沅江、澧水、长江、环洞庭湖、珠江、洞庭湖、洞庭湖内湖、城市景观内湖及大型水库设置省级考核控断面。2016—2017年湖南省主要河流水质占比情况如表2.16所示。2017年,湖南省地表水环境质量总体保持稳定,四水干流水质整体稳定,洞庭湖湖体、浏阳河、邵水等支流的水质局部有所提升。按水体水质优劣排序,四水流域依次为澧水、沅江、湘江和资江。

表2.16 2016—2017年湖南省主要河流水质占比情况

年份	Ⅰ类	Ⅱ类	Ⅲ类	Ⅳ类	Ⅴ类	劣Ⅴ类
2016[②]	4.0%	64.9%	20.8%	6.9%	2.4%	1.0%
2017[③]	5.8%	74.5%	13.3%	5.8%	0.3%	0.3%

2016—2017年湖南省七大水系Ⅰ~Ⅲ类水质占比情况如表2.17所示。总体来说,七大水系2017年Ⅰ~Ⅲ类水质占比高于2016年。2017年,七大水系水质总体均为优,影响湖南省河流水质的主要污染指标为氨氮、总磷、氟化物、砷、化学需氧量、五日生化需氧量等。

表2.17 2016—2017年湖南省七大水系Ⅰ~Ⅲ类水质占比情况

年份	湘江流域	资江流域	沅江流域	澧水流域	长江湖南段	环洞庭湖河流	珠江流域
2016	97.80%	97.70%	98.90%	100%	100%	92.30%	100%
2017	98.10%	97.50%	98.70%	100%	100%	94.70%	100%

---

① 第2.2.5节数据来源:湖南省生态环境厅,环境质量状况公报。网址:http://sthjt.hunan. gov.cn/sthjt/xxgk/zdly/hjjc/hjzl/index.html.

② 2016年为419个考核断面。

③ 2017年为345个考核断面。

(2)湖泊、水库的水质状况

2016—2017年湖南省主要湖库水质占比情况及主要污染源如表2.18所示。值得注意的是,湖南省2016年监测面有43个,2017年的监测面仅为21个。2017年,Ⅰ～Ⅲ类水质断面5个,占23.8%;Ⅳ类水质断面15个,占71.4%;劣Ⅴ类水质断面1个,占4.8%。2017年,洞庭湖湖体断面为11个,水质总体为轻度污染,营养状态为中营养;洞庭湖内湖8个断面中,轻度富营养状态和中营养状态的断面分别为2个和6个,水质为优或良、轻度污染和重度污染的断面分别为3个、4个和1个;东江水库2个断面水质均为优,营养状态均为贫营养。

表2.18 2016—2017年湖南省主要湖库水质占比情况及主要污染源

年份	Ⅰ～Ⅲ类	Ⅳ类	Ⅴ类	劣Ⅴ类	主要污染源
2016	18.6%	53.5%	18.6%	9.3%	总磷、化学需氧量、五日生化需氧量、氨氮和石油类
2017	23.8%	71.4%	—	4.8%	总磷、化学需氧量

(3)饮用水质量

湖南省主要对14个地级市的29个饮用水水质进行监测。2015—2017年湖南省饮用水水源地水质达标率分别为97.3%、98.6%和97.2%。2017年,14个城市的29个饮用水水源地中,27个水源地水质达标,占比93.1%,较2016年下降3.5个百分点。2017年湖南省14个城市饮用水水源地水质监测结果如表2.19所示。

表2.19 2017年湖南省14个城市饮用水水源地水质监测结果[1]

城市	断面名称	达标率		不达标项目
		2017年	2016年	
长沙	猴子石、桔子洲、五一桥、株树桥	100%	100%	

---

[1] 达标率按单因子评价并水量加权计算,粪大肠菌群不参加达标率统计。

续表

城市	断面名称	达标率		不达标项目
		2017年	2016年	
株洲	一、二、四水厂	100%	100%	
湘潭	一、三水厂	96.9%	100%	铊
衡阳	城南、城北、江东水厂	100%	100%	
邵阳	桂花渡水厂、城西水厂、工业街水厂	100%	100%	
岳阳	金凤水库进口、金凤水库出口	100%	100%	
常德	三、四水厂	100%	100%	
张家界	澄潭	100%	100%	
益阳	龙山港	24.3%	53.6%	锑
郴州	小东江、山河水库	100%	100%	
永州	诸葛庙、曲河	100%	100%	
娄底	大科石埠坝、二水厂	100%	100%	
怀化	二水厂	100%	100%	
吉首	二、三水厂	100%	100%	
	湖南省全省	97.2%	98.6%	

2.2.6　湖北省水环境质量

（1）主要河流水环境质量

湖北省[①]通过水环境监测网的各级环境监测站对主要河流的监测断面、湖泊、水库和城市内湖进行监测。2014—2017年监测断面分别为158个、159个、179个和179个，2014—2015年监测湖泊16个、水库12座、城市内湖8个，2016—2017年监测湖泊17个、水库11座、城市内湖8个。2014—2017年湖

---

① 第2.2.6节数据来源：湖北省生态环境厅，环境质量状况公告。网址：http://sthjt.hubei.gov.cn/fbjd/zwgk/jcsjfb/hjzlzk.

北省主要河流水质变化情况如图2.11所示。Ⅰ～Ⅱ类水质占比逐年增多,而Ⅲ类、Ⅴ类和劣Ⅴ类水质占比呈下降趋势。

2017年,湖北省主要河流总体水质稳定在良好。其中,水质优良的断面占86.6%(Ⅰ类5.0%、Ⅱ类50.8%、Ⅲ类30.7%),水质较差的断面占9.5%(Ⅳ类8.4%、Ⅴ类1.1%),水质污染严重即劣Ⅴ类的断面占3.9%;主要污染指标为化学需氧量、氨氮和总磷。与2016年相比,Ⅰ～Ⅲ类比例和劣Ⅴ类比例均持平。

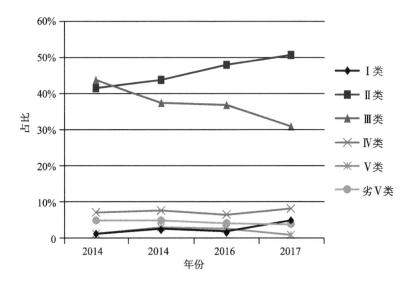

图2.11 2014—2017年湖北省主要河流水质变化情况

2014—2017年,长江干流总体水质为优,长江支流总体水质为良好。2015—2017年湖北省长江支流水质变化情况如图2.12所示。2017年,长江支流94个监测断面中,Ⅰ～Ⅲ类水质断面占86.2%(Ⅰ类3.2%、Ⅱ类45.7%、Ⅲ类37.2%),Ⅳ类占9.6%,Ⅴ类占2.1%,劣Ⅴ类占2.1%;主要污染指标为化学需氧量、氨氮和总磷。其中,四湖总干渠荆州至潜江段和监利至洪湖段水质污染严重。

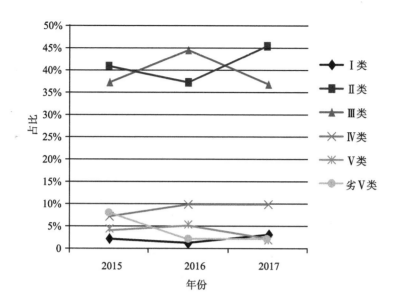

图2.12 2015—2017年湖北省长江支流水质变化情况

(2)湖泊、水库的水质状况

2013—2017年湖北省32个主要湖库水质变化情况如图2.13所示。Ⅰ~Ⅲ
类水占比于2016年下降到最低点,2017年虽然有所上升,但未能恢复到
2013—2015年的水平;Ⅳ~Ⅴ类水占比有所上升;劣Ⅴ类水占比有所降低。

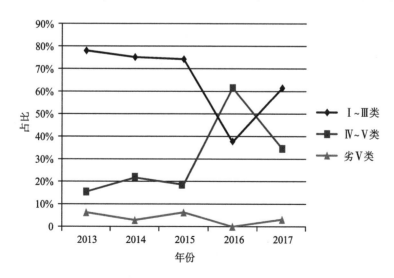

图2.13 2013—2017年湖北省32个主要湖库水质变化情况

2017年,湖北省湖库水域中,水质优良的水域占62.5%(Ⅰ类3.1%、Ⅱ类31.3%、Ⅲ类28.1%);水质较差的水域占34.4%(Ⅳ类25.0%、Ⅴ类9.4%);水质污染严重即劣Ⅴ类的水域占3.1%;主要污染指标为总磷、化学需氧量和五日生化需氧量。与2016年相比,Ⅰ~Ⅲ类水域比例上升3.1个百分点,劣Ⅴ类水域比例上升3.1个百分点,主要湖库总体水质稳定在轻度污染。

(3)饮用水质量

湖北省对13个中心城市辖区内39个水厂36个集中式饮用水源地,13个地市、3个直管市及神农架林区93个在用县级城镇集中式饮用水源地和10个备用水源进行监测。2013—2017年湖北省饮用水水质达标情况如表2.20所示。其中,2017年,湖北省重点城市(十堰茅塔河水库水厂因坝体修缮,1—3月无水未监测)集中式饮用水源地达标率为99.6%,比2016年下降0.2个百分点;2017年,湖北省县级城镇集中式饮用水源地达标率为100%,比2016年上升0.4个百分点。

表2.20 2013—2017年湖北省饮用水水质达标情况

年份	中心城市达标率	县城达标率
2013	99.2%	
2014	100%	
2015	100%	99.4%
2016	99.8%	99.6%
2017	99.6%	100%

2.2.7 江西省水环境质量

江西省[①]主要有九条河流(赣江、抚河、信江、修河、饶河、长江、袁水、萍

---

① 第2.2.7节数据来源:江西省生态环境厅,环境状况公报。网址:http://sthjt.jiangxi.gov.cn/hjzx/sjzx/hjzkgb/index.shtml.

水河、东江)和三个湖库(鄱阳湖、拓林湖、仙女湖)。2013—2017年江西省主要河流、湖库及总体Ⅰ~Ⅲ类水质变化情况如图2.14所示。这期间,河流Ⅰ~Ⅲ类水占比普遍高于湖库;河流Ⅰ~Ⅲ类水占比逐渐上升,2017年达到90%;湖库Ⅰ~Ⅲ类水占比则呈现明显下降趋势,2017年下降到15%,需要引起警惕。

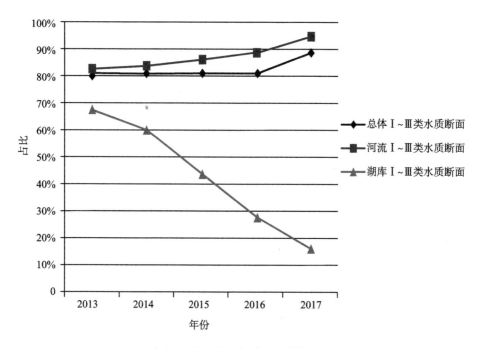

图2.14 2013—2017年江西省主要河流、湖库及总体Ⅰ~Ⅲ类水质变化情况

2017年江西省主要河流和湖库Ⅰ~Ⅲ类水质占比情况如图2.15所示。抚河、信江、长江九江段、东江和拓林湖Ⅰ~Ⅲ类水占比均达到100%,另有赣江、修河、饶河、袁水和环鄱阳湖区河流Ⅰ~Ⅲ类水占比超过92.3%;萍水河Ⅰ~Ⅲ类水占比仅为81.8%;鄱阳湖和仙女湖Ⅰ~Ⅲ类水占比为零,需要大力治理。

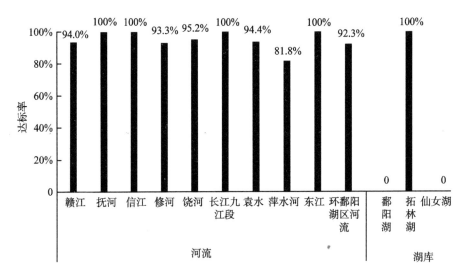

图2.15 2017年江西省主要河流和湖库Ⅰ~Ⅲ类水质占比情况

2017年,抚河、信江、修河、饶河、长江九江段、袁水、东江、环鄱阳湖区河流和拓林湖水质均为优,萍水河水质良好,鄱阳湖水质轻度污染。赣江主要污染指标为氨氮、总磷和化学需氧量;修河、袁水主要污染指标为氨氮、化学需氧量和五日生化需氧量;饶河主要污染物为总磷;萍水河主要污染物为氨氮和总磷;环鄱阳湖区河流主要污染物为溶解氧;鄱阳湖、仙女湖主要污染物为总磷。同时,鄱阳湖、拓林湖营养化程度为中营养,仙女湖为轻度富营养。

2.2.8 安徽省水环境质量

(1)主要河流水质量环境

安徽省[①]共有136条河流、37座湖库,涉及长江流域、淮河流域、新安江流域、巢湖流域等。2014—2017年安徽省总体水质(含河流、湖泊、水库)变化情况如图2.16所示。图中显示,Ⅰ~Ⅲ类水占比逐年上升,劣Ⅴ类水占比

---

① 第2.2.8节数据来源:安徽省生态环境厅,环境状况公报。网址:http://sthjt.ah.gov.cn/public/column/21691?type=48catId=28009461&action=list.

逐年下降,这说明安徽省总体水质正在好转。

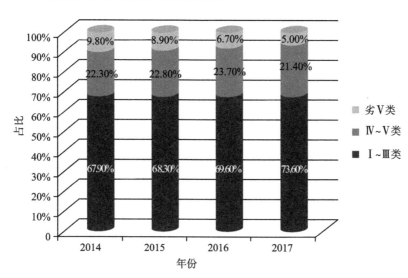

图 2.16　2014—2017 年安徽省总体水质变化情况

2014—2017 年长江流域安徽段水质变化情况如图 2.17 所示。2017 年,长江流域安徽段总体水质状况良好,监测的 47 条河流 84 个断面中,Ⅰ~Ⅲ类水质断面占比 88.1%,无劣 Ⅴ 类水质断面;其中,干流总体水质状况为优,支

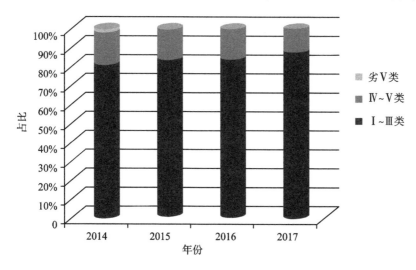

图 2.17　2014—2017 年长江流域安徽段水质变化情况

流总体水质状况为良好。2017年长江流域安徽段各支流水质状况如表2.21所示。与2016年相比，长江流域安徽段总体水质无明显变化。

表2.21 2017年长江流域安徽段各支流水质状况

水质状况	支流名称	
	境内	出境
优（Ⅰ~Ⅱ类）	青山河、黄浒河、漳河、青弋江、西津河、徽河、顺安河、秋浦河、白洋河、九华河、青通河、黄湓河、尧渡河、七星河、皖河、华阳河、鼍鸶河、潜水、皖水、长河（太湖）、凉亭河、二郎河、清溪河、舒溪河、秧溪河、浦溪河、麻川河	闽江、龙泉河
良好（Ⅲ类）	姑溪河、清流河、长河（枞阳）、采石河、水阳江、东津河、桐汭河、陵阳河	泗安河、滁河
轻度污染（Ⅳ类）	来河、襄河、得胜河、无量溪河	梅栗河
中度污染（Ⅴ类）	雨山河、慈湖河	—

淮河流域安徽段总体水质状况为轻度污染。2017年，在监测的63条河流114个断面中，Ⅰ~Ⅲ类水质断面占56.1%，劣Ⅴ类水质断面占7.9%。其中，干流总体水质状况为优，支流总体水质状况为轻度污染。2017年淮河流域安徽段各支流水质状况如表2.22所示。与2016年相比，淮河流域总体水质状况有所好转，Ⅰ~Ⅲ类水质断面比例上升9.0个百分点，劣Ⅴ类水质断面比例下降3.4个百分点。

表2.22 2017年淮河流域安徽段各支流水质状况

水质状况	支流名称		
	入境	境内	出境
优（Ⅰ~Ⅱ类）	—	淠河总干渠、东淠河、西淠河、漫水河、黄尾河、竹根河、淠东干渠、胡家河、东流河、扫帚河、辉阳河、马槽河	史河
良好（Ⅲ类）	—	北淝河、茨河、丁家沟、枣林涵、木台沟、中心沟、怀洪新河、茨淮新河、西淝河、谷河、陡涧河、庄墓河、东淝河、南沙河、淠河、汲河 、濠河 、沣河	新汴河

水质状况	支流名称		
	入境	境内	出境
轻度污染（Ⅳ类）	惠济河、涡河、沱河、浍河、运料河、颍河、王引河、灌沟河、泉河	阜蒙新河、济河、瀛河、池河、白塔河	老濉河、新濉河
中度污染（Ⅴ类）	黑茨河、闫河、赵王河、黄河故道、油河	濉河	—
重度污染（劣Ⅴ类）	洪河、小洪河、包河、武家河、奎河、郎溪河	石梁河、龙河	—

新安江流域安徽段总体水质状况为优。其中，干流水质状况为优，4条支流（扬之河、率水、横江、练江）水质状况均为优。与2016年相比，新安江流域总体水质状况无明显变化。

巢湖流域巢湖湖体全湖平均水质为Ⅴ类、中度污染，呈轻度富营养状态。其中，东半湖水质为Ⅳ类、轻度污染，呈轻度富营养状态；西半湖水质为Ⅴ类、中度污染，呈轻度富营养状态。环湖河流总体水质状况为轻度污染，监测的21条河流33个断面中，Ⅱ~Ⅲ类水质断面占69.7%，水质状况为优良；劣Ⅴ类水质断面占18.2%，水质状况为重度污染。21条环湖河流中，有5条河流水质为优，7条为良好，3条为轻度污染，1条为中度污染，5条为重度污染。2017年巢湖环湖河流水质状况如表2.23所示。与2016年相比，全湖水质由轻度污染下降为中度污染，主要污染指标总磷由0.092mg/L上升为0.107mg/L（地表水总磷Ⅳ类水质标准为0.1mg/L），水体营养状态无明显变化，环湖河流水质有所好转，劣Ⅴ类水质断面比例下降5.3个百分点。

表2.23　2017年巢湖环湖河流水质状况

水质状况	河流名称
优（Ⅰ~Ⅱ类）	杭埠河、姚家河、河棚河、西河、兆河
良好（Ⅲ类）	丰乐河、裕溪河、柘皋河、白石天河、清溪河、小南河、汤河

续表

水质状况	河流名称
轻度污染（Ⅳ类）	双桥河、神灵沟、民主河
中度污染（Ⅴ类）	朱槽沟
重度污染（劣Ⅴ类）	南淝河、店埠河、十五里河、派河、肖小河

（2）湖泊、水库的水质状况

2017年安徽省主要湖泊、水库水体营养状态如图2.18所示。可见除了上述湖库以外，安徽省其他36座主要湖泊、水库总体水质状况为优。17座水库中，14座水质为优，3座为良好；19座湖泊中，14座为良好，3座（芡河湖、城西湖、龙感湖）为轻度污染、1座（沱湖）为中度污染，1座（石龙湖）为重度污

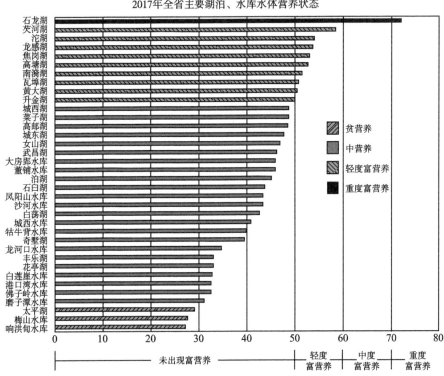

图2.18 2017年安徽省主要湖泊、水库水体营养状态

染。石龙湖呈重度富营养化,沱湖、芡河湖、瓦埠湖、高塘湖、焦岗湖、南漪湖、龙感湖、黄大湖和升金湖等9座湖泊呈轻度富营养化,其余26座湖库均未出现富营养化。

与2016年相比,董铺水库、大房郢水库、城西水库、沙河水库、丰乐湖和奇墅湖水质均由Ⅲ类好转为Ⅱ类,其余湖库的水质状况均无明显变化;梅山水库、响洪甸水库和太平湖水体营养状态由中营养好转为贫营养,升金湖、黄大湖和瓦埠湖由中营养下降为轻度富营养,其余湖库水体营养状态均无明显变化。

(3)饮用水质量

安徽省对16个地级市、6个县级市及近60个县城所在镇①的集中式生活饮用水水源地开展水质监测。2017年,地级市、县级市和县城所在镇分别有集中式生活饮用水水源地40个、10个和65个。2014—2017年安徽省饮用水水质优良率变化情况如图2.19所示,水质优良率呈现出先增长、后降低的趋势。

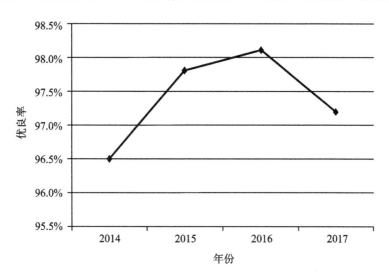

图2.19　2014—2017年安徽省饮用水水质优良率变化情况

2014—2017年安徽省饮用水水质达标情况如表2.24所示。2017年,主

---

① 2014—2015年为58个县城所在镇,2016—2017年为57个县城所在镇。

要水源污染物为总磷、氟化物,其中地下水源超标主要是氟化物。

表2.24 2014—2016年安徽省饮用水水质达标情况①

年份	地级市达标率	县级市达标率	县城所在镇达标率
2014	96.5%		93.6%
2015	97.8%	82.9%	92.3%
2016	98.1%	81.2%	96.5%

2.2.9 江苏省水环境质量

(1)主要河流水环境质量

江苏省②属长江下游,经济社会发达,水资源丰富。江苏省主要河流包括长江流域江苏段干流、支流以及太湖流域、淮河流域。

2013—2017年江苏省地表水质国控断面水质占比情况如表2.25所示。从2013年到2017年,江苏省纳入国家《水污染防治行动计划》地表水环境质量考核的断面从86个增加到104个。这期间,Ⅰ~Ⅱ类水占比全部为0;Ⅲ类水占比逐年回升,到2017年占比达到最大(71.2%);Ⅳ~Ⅴ类和劣Ⅴ类水占比有所下降。这反映出江苏省水体污染治理已经初步取得一定成效。影响江苏省水质的主要污染物为氨氮、总磷和化学需氧量。

表2.25 2013—2017年江苏省地表水质国控断面水质占比情况

年份	Ⅰ~Ⅱ类	Ⅲ类	Ⅳ~Ⅴ类	劣Ⅴ类
2013	0	45.8%	51.8%	2.4%
2014	0	45.8%	53.0%	1.2%

---

①《2017年安徽省环境公报》显示饮水合格数据为水量达标率和水源个数达标比例,而非水质达标率,故不统计。

②第2.2.9节数据来源:江苏省生态环境厅,环境状况年度公报。网址:http://hbt.jiangsu. gov.cn/col/col1648.

年份	Ⅰ～Ⅱ类	Ⅲ类	Ⅳ～Ⅴ类	劣Ⅴ类
2015	0	48.2%	49.4%	2.4%
2016	0	68.3%	29.8%	1.9%
2017	0	71.2%	27.8%	1.0%

长江干流江苏段总体水质较好,2013—2017年10个监测断面水质均符合Ⅲ类标准。主要入江支流除了2015年为中度污染外,2013—2017年期间总体处于轻度污染状态。2013—3017年江苏省长江支流水质占比情况如表2.26所示。2013年,水质污染比较严重,水质都在Ⅳ～劣Ⅴ类,几乎没有Ⅰ～Ⅲ类水。2014年,Ⅳ和Ⅴ类水占比大幅减少,出现了达标的Ⅲ类水质,但是劣Ⅴ类水占比稍有增加。2015年水质情况比2014年稍有恶化,主要表现在劣Ⅴ类水占比大幅增加。2016—2017年,水质持续改善,Ⅲ类水占比上升,劣Ⅴ类水占比减少到五年最低水平(6.7%)。

表2.26 2013—2017年江苏省长江支流水质占比情况

年份	Ⅰ～Ⅱ类	Ⅲ类	Ⅳ类	Ⅴ类	劣Ⅴ类
2013	0	0	63.60%	27.30%	9.10%
2014	0	54.50%	31.90%	31.90%	13.60%
2015	0	54.50%	22.70%	2.30%	20.50%
2016	0	56.80%	20.40%	11.40%	11.40%
2017	0	68.90%	17.70%	6.70%	6.70%

(2)主要湖泊的水质状况

太湖是全国五大淡水湖之一,为江苏省最大湖泊。2013—2017年太湖流域主要污染物浓度及综合营养状态如表2.27所示。这期间,太湖水质总体一直处于轻度富营养状态,综合营养指数基本稳定。水体中总磷年均浓度于2013—2015年持续下降,但2016—2017年又出现增长;总氮年均浓度呈现不断降低的趋势。

表2.27 2013—2017年太湖流域主要污染物浓度及综合营养状态

年份	总磷年均浓度/(mg/L)	总氮年均浓度/(mg/L)	综合营养状态指数	综合状态
2013	0.07	2.15	57.6	轻度富营养
2014	0.06	1.96	55.8	轻度富营养
2015	0.059	1.81	56.1	轻度富营养
2016	0.064	1.74	54.6	轻度富营养
2017	0.081	1.65	56.8	轻度富营养

根据《江苏省环境质量状况(2018年上半年)》,2018年上半年太湖的15条主要入湖河流中,有7条河流水质符合Ⅲ类,占46.7%;其余8条河流水质处于Ⅳ~Ⅴ类。与2017年同期相比,符合Ⅲ类水质河流减少2条。太湖流域137个重点断面中,有109个水质达标,达标率为79.6%,较2017年同期上升2.2个百分点。2013—2017年江苏省流入太湖河流水质占比情况如表2.28所示。江苏省内流入太湖的河流总体水质处于Ⅲ类和Ⅳ类之间。2013—2016年,Ⅲ类水占比不断提高,Ⅳ类水占比不断减少,2017年稍有反弹。

表2.28 2013—2017年江苏省流入太湖河流水质占比情况

年份	Ⅰ~Ⅱ类	Ⅲ类	Ⅳ类	Ⅴ类	劣Ⅴ类
2013	0.00%	40.00%	60.00%	0.00%	0.00%
2014	0.00%	40.00%	60.00%	0.00%	0.00%
2015	0.00%	46.70%	53.30%	0.00%	0.00%
2016	0.00%	80.00%	20.00%	0.00%	0.00%
2017	0.00%	73.30%	26.70%	0.00%	0.00%

2013—2017年,太湖流域重点断面水质达标率分别为53.8%、58.5%、61.9%、77.4%和88.3%,处于不断提高状态。

（3）饮用水质量

江苏省饮用水以集中式供水为主。2013—2017年江苏省饮用水水质达标率和取水量如表2.29所示。取水总量逐年上升,地表水取水占绝大多数。饮用水水质达标率在2016年达到最低(88.7%),2017年有所好转(96.2%)。

表2.29　2013—2017年江苏省饮用水水质达标率与取水量

年份	饮用水水质达标率	取水总量/亿吨	地表水取水占比	地下水取水占比
2013	99.98%	47.50	98.5%	1.5%
2014	100%	50.93	98.7%	1.3%
2015	99.9%	51.36	98.8%	1.2%
2016	88.7%	61.19	99.2%	0.8%
2017	96.2%	63.53	99.8%	0.2%

2.2.10　浙江省水环境质量

（1）主要河流水环境质量

浙江省①地表水除了长江外,主要有钱塘江、曹娥江、甬江、椒江、瓯江、鳌江、苕溪、飞云江八大水系,其中苕溪水系属于长江流域子水系。

浙江省地表水总体水质为良,江河干流总体水质基本良好,部分支流和流经城镇的局部河段仍存在不同程度的污染。2013—2017年浙江省省控断面水质占比情况如表2.30所示。可以看出,浙江省的优良水质(即Ⅰ～Ⅲ类)持续改善,Ⅰ～Ⅲ类水占比从63.8%增涨到82.4%,Ⅳ～Ⅴ类、劣Ⅴ类水占比呈持续下降趋势。值得注意的是,劣Ⅴ类水占比从12%减少到0,说明浙江省在改善水质方面下了很大功夫。

---

① 第2.2.10节数据来源:浙江省生态环境厅,环境状况公报。网址:http://sthjt.zj.gov.cn/col/col120520/index.html?number=A001J001.

表2.30 2013—2017年浙江省省控断面水质占比情况

年份	Ⅰ类	Ⅱ类	Ⅲ类	优良(Ⅰ~Ⅲ类)	Ⅳ类	Ⅴ类	劣Ⅴ类
2013	9.1%	27.1%	27.6%	63.8%	15.4%	8.6%	12.2%
2014	9.5%	28.1%	26.2%	63.8%	17.7%	8.1%	10.4%
2015	9.1%	33.9%	29.9%	72.9%	15.8%	4.5%	6.8%
2016	10.9%	38.5%	28.0%	77.4%	15.8%	4.1%	2.7%
2017	11.3%	42.5%	28.5%	82.4%	13.1%	4.5%	0

2017年,八大水系中,钱塘江、曹娥江、椒江、瓯江、飞云江、苕溪六个水系水质为Ⅰ~Ⅲ类水;甬江Ⅰ~Ⅲ类水质断面占85.7%,其中奉化江和县江部分河段水质轻度污染,主要污染指标为五日生化需氧量和石油类;鳌江Ⅱ~Ⅲ类水质断面占75%,干流中游龙港段水质轻度污染,溶解氧含量较低。此外,京杭运河水质为Ⅱ~Ⅳ类,Ⅱ~Ⅲ类水质断面占57.1%,Ⅳ类占42.9%,主要污染物为石油类、化学需氧量和总磷。

(2)饮用水质量

2016—2017年浙江省县级以上城市集中式饮用水水源地92个,个数达标率分别为91.1%和93.4%,11个设区城市主要集中式饮用水水源个数达标率两年均为90.5%。2017年,杭州、宁波、温州、湖州、绍兴、金华、衢州、舟山、台州和丽水等10市的县级以上城市集中式饮用水水源地水质优良,个数达标率为100%;嘉兴市个数达标率为25%。

2.2.11 上海市水环境质量

(1)主要河流水环境质量

上海市①属于长江下游,经济社会发达,水资源丰富。上海市主要河流

---

① 第2.2.11节数据来源:上海市生态环境局,环境状况公报。网址:https://sthj.sh.gov.cn/hbzhywpt1143/hbzhywpt1144/index.html。

包括长江口、黄浦江和苏州河。2014—2017年上海市主要河流水质占比情况如表2.31所示。上海市Ⅱ～Ⅲ类水占比于2014—2015年急剧减少,于2015—2017年又有所增加;Ⅳ～Ⅴ类水占比呈增长状态,从2014年的26.0%增长到2017年的58.7%;劣Ⅴ类水占比于2015—2017年快速下降。劣Ⅴ类水占比的减少量和Ⅳ～Ⅴ类水占比的增加量总体相当,反映出上海加大力度整治劣Ⅴ类水的排放。总体而言,2014—2017年上海市河流水质呈改善趋势。

表2.31　2014—2017年上海市主要河流水质占比情况

年份	Ⅱ～Ⅲ类	Ⅳ类	Ⅴ类	Ⅳ～Ⅴ类	劣Ⅴ类
2014	24.7%	16.9%	9.1%	26.0%	49.3%
2015	14.7%	13.1%	15.8%	28.9%	56.4%
2016	16.2%	33.2%	16.6%	49.8%	34.0%
2017	23.2%	37.5%	21.2%	58.7%	18.1%

（2）主要污染物情况

上海市地表水的主要污染物为高锰酸盐、氨氮和总磷。2014—2017年上海市主要河流主要污染物（高锰酸盐、氨氮和总磷）浓度如表2.32所示。2014—2015年三大主要污染物浓度均有所升高;2015—2017年三大主要污染物浓度均持续下降,这反映出上海市近年来不断加大力度整治污水排放的成效显著。

表2.32　2014—2017年上海市主要河流主要污染物浓度

年份	高锰酸盐指数平均浓度/(mg/L)	氨氮平均浓度/(mg/L)	总磷平均浓度/(mg/L)
2014	4.55	2.40	0.313
2015	5.37	2.47	0.343
2016	4.80	1.90	0.272
2017	4.50	1.37	0.210

2.3 小 结

我国正处于新型工业化、信息化、城镇化、农业现代化快速发展阶段,水污染防治任务繁重而艰巨。要以改善水环境质量为核心,按照"节水优先、空间均衡、系统治理、两手发力"原则,贯彻"安全、清洁、健康"方针,强化源头控制,水陆统筹、河海兼顾,对江河湖海实施分流域、分区域、分阶段科学治理,系统推进水污染防治、水生态保护和水资源管理。

从本章对长江经济带11省市的水环境现状分析来看,长江上游的水环境质量好于长江中游,长江中游的水环境质量好于长江下游。因此,建议长江中下游省市实行最严格环保制度;坚持落实各方责任,严格考核问责;坚持全民参与,推动节水洁水人人有责,形成"政府统领、企业施治、市场驱动、公众参与"的水污染防治新机制,实现环境效益、经济效益与社会效益多赢[2]。

参考文献

[1] 国家环境保护总局,国家质量监督检验疫总局.地表水环境质量标准(GB 3838-2002)[S].北京:中国环境科学出版社,2002.

[2] 国务院.国务院关于印发水污染防治行动计划的通知[EB/OL].(2015-04-02)[2019-12-20].http://www.gov.cn/zhengce/content/2015-04-16/content_9613.htm.

第3章 水污染及其防治技术

根据第2章的相关调查分析,发现影响我国水质的主要因素是富营养化、有机物及重金属污染,污染源主要来自化工、造纸、制药、印染纺织、食品加工、制革、养殖种植等行业的污染物排放。为了详细了解这些污染的成因及带来的危害,本章将调研富营养化、重金属和有机物这三种主要的水污染类型,明晰这些污染带来的危害及主要的应对防护办法。

3.1 水体富营养化及防治技术

富营养水即水体的富营养化,是指在人类活动的影响下,氮(N)、磷(P)等营养物质大量进入河流、湖泊、海湾等缓流水体,引起藻类及其他浮游生物迅速繁殖和整个水体生态平衡的破坏,因而造成危害的一种水体污染现象。目前,我国水体的富营养化程度严重。根据生态环境部发布的《2017中国生态环境状况公报》,2017年,我国109个监测营养状态的湖泊(水库)中,贫营养的9个,中营养的67个,轻度富营养的29个,中度富营养的4个。

3.1.1 富营养水污染的成因和危害

造成水体富营养化的原因主要有三类:①不当使用农用化肥和农药;

②肆意排放未经净化处理的生活污水;③肆意排放未经净化处理或者处理不完全的工业废水。当前富营养水防治技术的主要目的是控制水体中超标的氮、磷以及大量无序繁殖的有害藻类。

氮元素是造成水体富营养化的一个很重要的污染因子。污水中的氮元素的存在形式主要分为无机氮和有机氮两大类。无机氮包括氨态氮和硝态氮。氨态氮包括游离氨态氮(NH_3-N)和铵盐态氮(NH_4^+-N),硝态氮包括硝酸盐氮(NO_3^--N)和亚硝酸盐氮(NO_2^--N)。有机氮包括尿素、蛋白质、核酸、尿酸、脂肪胺等含氮有机物。在未处理的原废水中,有机态氮和氨态氮是氮的主要存在形式;经二级生化处理后出水中氨态氮和硝态氮是氮的主要存在形式。

磷元素是造成水体富营养化的另一个重要的污染因子。污水中的磷元素主要以颗粒状态的聚磷酸盐和溶解状态的磷酸盐形式存在。

水体的富营养化的危害主要表现在以下几个方面:①富营养化使水质变差,造成水体的透明度降低,使得阳光难以穿透水层,从而影响水中植物的光合作用和氧气的释放,导致水中溶解氧严重不足,造成鱼类等水生动物大量死亡;②大量繁殖的浮游生物,不仅会造成水体透明度降低,并且消耗大量氧气,同时还会产生危害人类和动物健康的毒素;③富营养化会破坏水生生物的生存环境、水生生物的多样性以及水生生态系统的平衡;④人畜长期饮用富营养化水,其中含量超标的硝酸盐和亚硝酸盐会使人畜中毒致病。

3.1.2 富营养水防治技术的种类、特点和应用

(1)除氮和磷的技术

传统的水体富营养化防治措施主要集中在理化方法和工程措施上面。除氮和磷的技术主要包括物理方法、化学方法和生物方法。

(a)物理方法

除富营养化水体中的氮和磷的物理方法主要为一些工程手段,包括截

污、调水、清淤等水利工程。这些工程手段不仅费用高，而且治标不治本。

此外，还常用吸附法来处理磷浓度较低的水体，主要是利用一些疏松多孔或比表面积较大的固体物质对水体磷进行吸附从而去除磷的过程。吸附过程主要通过吸附剂来完成，吸附剂主要分为天然吸附剂和人工合成的吸附剂，常见的天然吸附剂主要有粉煤灰、活性炭、膨润土、沸石等。

（b）化学方法

水体中超标的磷元素主要通过采用化学沉淀方法除去[1]。通过向水体中投加金属药剂，使金属盐离子与水体中的磷酸根发生沉淀反应以及絮凝反应，形成颗粒状、不溶于水的物质，最后通过沉淀作用，排除化学污泥，达到化学除磷的目的。化学除磷药剂经常选用铝盐、铁盐、钙盐和镁盐等。通过投放点不同，化学除磷工艺可分为前置除磷、协同式除磷和后置除磷。主要化学反应为[2]：

$$Al^{3+}+PO_4^{3-}\rightarrow Al\cdot PO_4\downarrow$$

$$Fe^{3+}+PO_4^{3-}\rightarrow Fe\cdot PO_4\downarrow$$

$$5Ca^{2+}+3PO_4^{3-}+OH^-\rightarrow Ca_5(OH)(PO_4)_3\downarrow$$

（c）生物方法

近年来，越来越多的学者发现，只有利用生物方法，从生态系统结构和功能的调整来进行生态修复才是最根本有效的途径，符合可持续发展的要求。生物方法主要是利用水生植物和微生物对水体中氮、磷元素进行有效吸附、转化和降解，减轻水体富营养化程度，修复水体自净功能。

水生植物/植被恢复是治理富营养化水体应用最为成熟和广泛的技术，通过在受污染水体中种植一些适应能力强、繁殖能力强、净化能力强、易栽培和管理的水生植物，利用水生植物根系对氮、磷等营养物质的吸收来降低或去除污染水体中的氮、磷浓度。采用水生植物/植被恢复方法时，一般冬季向被污染水体中播撒种子，春季在受污染水体的底泥中种植水生植物。该方法适用于轻度或中度污染的浅水型湖泊和河流，具有投资少、费用低、节省能源、基本无二次污染等特点。

用于水体修复的常用水生植物包括沉水植物类、挺水植物类和浮叶植物类。常用的沉水植物包括竹叶眼子菜、篦齿眼子菜、穗状狐尾藻、苦草、黑藻、金鱼藻等;常用的挺水植物包括小香蒲、慈姑、黄花鸢尾、菖蒲、水葱、水蓼、菰等;常用的浮叶植物包括睡莲、金银莲花、荇菜、萍蓬草等。

基于这一方法还衍生出了人工浮床(生态浮床)技术,它以水生植物为主体,运用无土栽培技术原理,以高分子材料等为载体和基质,应用物种间共生关系,充分利用水体空间生态位和营养生态位,建立高效人工生态系统,用以削减水体中的污染负荷。它能大幅提高水体透明度,有效改善水质指标,特别是对藻类有很好的抑制效果。其对水质净化最主要的功效是利用植物的根系吸收水中的氨氮和磷,使得水体的营养得到转移,减轻水体由于封闭或自循环不足形成的水体腥臭、富营养化现象。

微生物修复的基本原理是利用自然界中微生物对污染物的生物代谢作用。微生物修复的基本思想是在人为促进条件下,通过提供氧气,添加氮、磷营养盐,接种经过驯化培养的高效微生物等来强化其修复过程,迅速去除污染物质[3]。

富营养化水体主要涉及的脱氮过程以硝化作用、反硝化作用最为重要。硝化作用主要分为两个阶段:①亚硝化杆菌、亚硝化螺菌、亚硝化球菌等将氨(NH_3)氧化为亚硝酸盐;②硝化杆菌、硝化球菌、硝化刺菌等将亚硝酸盐进一步氧化为硝酸盐。反硝化作用中芽孢杆菌、短杆菌、假单杆菌等将硝酸盐及亚硝酸盐还原为一氧化二氮(N_2O)和氮气(N_2)并释放到空气中,达到水体脱氮的效果。当前,利用微生物对富营养化水体进行治理主要是向富营养化水体中投放有效微生物群(硝化类细菌和反硝化类细菌)以强化水体中氮元素的降解和去除,从而改善水质。向水体中投加的微生物可分为土著微生物、外来微生物和基因工程菌。

在实际应用中,仅采用微生物修复往往难以奏效,将微生物修复技术和植物修复技术有效结合,形成联合生物修复技术,可更有效地达到降解、去除富营养化水体中的污染物的目的[4-6]。近年来,结合植物修复和微生物修复的人工湿地技术发展迅速并得到了广泛应用。人工湿地技术是指通过模拟自然湿地,人为设计与营造由土壤、人工介质、水生植物、微生物和水体所组成的复合体,利用生物间的协同作用来实现污水的净化(见图3.1和3.2)。其去除污染物的途径包括:填料过滤截留颗粒物;湿地填料通过吸附、络合、离子交换等作用去除磷、氮和重金属离子;湿地微生物和水生植物吸附、吸收、降解污染物。因此,人工湿地技术不仅可以去除水体中的氮、磷等营养物质,还可以去除水体中的重金属和有机物。该技术已广泛应用于污水处理厂以及野外污染水体的治理。

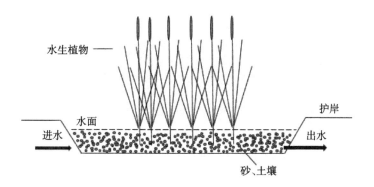

图3.1 人工湿地的结构组成

图3.2 已建成的人工湿地

　　近年来,学者发现添加外源的速效碳源和长效碳源均能增强水体微生物的脱氮效果。在实际应用中,在人工湿地及河流、湖泊的沉积物中往往也添加碳源,以增强微生物的脱氮能力。

　　(2)除浮游藻类的技术

　　除去和控制富营养水体中有害藻类的常用方法主要为物理方法、化学方法和生物方法。

　　常用的物理除藻方法包括机械除藻、过滤除藻、黏土除藻和气浮除藻等方法。物理法可直接消除水体中的藻类,不会产生二次污染,但费用昂贵。我国最早在治理滇池水华时应用了机械除藻的技术。

　　利用化学药剂对藻类进行杀除是目前国内外使用最多、最为成熟的除藻技术。这是一种工艺简单、操作方便的有效杀藻方法,常用的灭藻剂有硫酸铜、高锰酸盐、液氯、二氧化氯、臭氧等。该方法对于蓝藻特别是能够固氮的蓝藻比较有效。但是,这种化学杀藻的方法目前已经不再提倡使用,因为杀藻剂除了能够抑制水华藻的生长外,对水生植物也有毒害作用。

　　生物除藻法是指通过接种有效的微生物种群和以高等水生植物、浮游动物等抑制藻类的生长繁殖。

　　近年来,为了去除富营养水体中过度繁殖的藻类,越来越多学者开始探索新的水藻分离方法。2018年1月,由安徽雷克环境科技有限公司和中国科学院合肥物质科学研究院合作开发的全新蓝藻防控和处理装备——"藻/水在线分离磁捕技术及装备"(磁捕船)(见图3.3)通过了中国环保产业协会组织的专家鉴定。该船已成功应用于巢湖的水华治理,可全天候主动追踪蓝藻水华,实现蓝藻打捞过程的机械化、自动化、大容量和高效率。浓绿的水华经推流、磁捕剂投加、水力学混凝、絮体发育和捕获、分离后,清澈的湖水从船体尾部源源不断地回流巢湖(见图3.4)。该设备属于大型湖水富营养化防治装置,每小时可处理污水1000~1200吨。该装备在滨湖60公里湖段累计进行蓝藻打捞作业300余天。在藻密度106~109个细胞/L的宽广的范围内,藻细胞、叶绿素a、化学需氧量(COD)和悬浮物(SS)去除率分别达到99.91%、99.95%、86.25%和95.12%;且藻密度越高,除藻效率越高,尤其是总磷去除率高达98%。该设备先进、实用,可广泛应用于湖泊富营养化的治理。

图3.3 中科院合肥物质研究院与安徽雷克公司合作研发的"中科雷克"蓝藻磁捕船

图3.4 "中科雷克"磁捕船实现对蓝藻的高效去除

3.2 水体重金属污染防治技术

重金属污染是对人类健康影响最严重、危害最大也是最难治理的一类污染形式。水体重金属污染是指含有重金属离子的污染物进入水体,对水体造成的污染。根据生态环境部发布的《2017中国生态环境状况公报》,我国七大水系的水域均受到了不同程度的重金属污染,我国水体中的重(类)金属污染物种类包括砷(As)、铅(Pb)、镉(Cd)、六价铬(Cr)、汞(Hg)、铜(Cu)、镍(Ni)等。

3.2.1　水体重金属污染的成因和危害

水体重金属污染主要来源于机械制造、化工、电镀、采矿冶炼、电子以及仪表等工业生产过程中产生的重金属废水。这些废水如果不加处理或处理不完全就直接排放到环境水体中,就会对水体造成严重的重金属污染。近年来,我国发生了多起水体重金属污染事件,包括2010年福建紫金矿业汀江铜污染事件和广东北江铊污染事件,2011年云南曲靖六价铬污染水库事件,2013年广西贺江水体镉污染事件,2016年江西新余仙女湖镉、铊、砷污染事件等。此外,"血铅超标"事件涉及了陕西、安徽、河南、湖南、福建、广东、四川、湖南、江苏、山东等多个省份。这些事件导致我国水体重金属污染问题十分突出。

水体重金属污染是对环境和人体危害最大的一种重金属污染。由于重金属能够在生物体内积累,其通过生物链和生物富集作用对生物健康的危害是多方面的,能够抑制水生植物的生长,破坏鱼类的繁殖,影响胎儿发育,导致人体疾病、基因突变甚至癌症。

3.2.2　水体重金属污染防治技术的种类、特点和应用

当前,水体重金属污染防治技术主要有物理化学方法、化学方法和生物方法。

(1)物理化学方法

水体重金属水污染防治的物理化学方法主要为吸附法、离子还原法和

离子交换法[7]。

吸附法是利用多孔性固态物质的吸附特性来去除废水中重金属的一种常用方法。吸附材料的高表面积的蓬松结构或者特殊官能基团可以吸附水中重金属离子,这种吸附有的属于物理吸附,有的属于化学吸附。其通过物理或化学方法,利用载体经预处理固定微生物吸附剂,增强吸附剂的吸附机械强度以及化学稳定性,延长其使用周期,提高废水处理的深度和效率。同时,减少吸附-解吸循环中的损耗。该方法所用到的吸附剂包括膨润土、活性炭、木质素、壳聚糖等。

离子还原法是指利用一些容易得到的还原剂将水体中的重金属还原,形成无污染或污染程度较轻的化合物,从而降低重金属在水体中的迁移性和生物可利用性,以减轻重金属对水体的污染。例如,电镀污水中常含有六价铬离子(Cr^{6+}),它以铬酸离子($Cr_2O_7^{2-}$)的形式存在,在碱性条件下不易沉淀且毒性很高,而三价铬毒性远低于六价铬,但六价铬在酸性条件下易被还原为三价铬。因此,常采用硫酸亚铁及三氧化硫将六价铬还原为三价铬。

离子交换法是指利用重金属离子交换剂与污染水体中的重金属物质发生交换作用,从水体中把重金属交换出来,以达到治理的目的。经离子交换处理后,废水中的重金属离子转移到离子交换树脂上,经再生后又从离子交换树脂上转移到再生废液中。这类方法费用较低,操作人员不直接接触重金属污染物,但适用范围有限,并且容易造成二次污染。

（2）化学方法

重金属水污染防治的化学方法主要有化学沉淀法和电解法。

某些重金属经过化学反应之后会形成不溶于水的重金属化合物,进而沉淀下来。化学沉淀技术就是利用这个原理,根据重金属的化学特性,通过一系列的化学反应,让原本溶于水的重金属成为不溶于水的重金属化合物,最终通过化合物过滤和化合物分离等环节让重金属从水体当中分离出来。目前常见的化学沉淀技术类型主要包括中和凝聚沉淀技术、中和沉淀技术、铁氧体共沉淀技术、硫化物沉淀技术以及钡盐沉淀技术等[8]。

金属离子在电解时能够从相对高浓度的溶液中分离出来。电解法正是利用了废水中重金属的这个性质。电解法比较适用于电镀废水的处理。

（3）生物方法

根据需要用到的不同生物,生物方法可以被分为以下三种[9]。

植物修复法是指利用绿色水生植物来转移、容纳或转化污染物,使其对环境无害。这种方法主要通过水生植物吸收、挥发、吸附和根过滤等方式来积聚或清除水体中的重金属。大量研究表明,水生植物的根对重金属的富集最为显著,其次是茎、叶和果实。不同水生植物对重金属的富集能力由高到低依次为沉水植物、浮叶植物、挺水植物。具有较强重金属富集能力的挺水植物有长苞香蒲、荷叶香蒲、美洲水葱、风车草、鸢尾、石菖蒲等;具有较强重金属富集能力的浮叶植物有水浮莲、凤眼莲、浮萍、紫萍、满江红、槐叶萍等;具有较强重金属富集能力的沉水植物有苦草、菹草、水池草、龙须眼子菜、狐尾藻等。

动物修复法主要应用水中一些优选的鱼类以及其他水生动物品种来达到水体重金属污染修复的目的。水生动物品种通过在水体中对重金属的吸收、富集,把重金属驱除出水体。

微生物法是指利用水体中的微生物或者向污染水体中补充经驯化的高效微生物,对水体重金属进行固定和形态的转化。该方法主要是依赖于微生物对重金属具有很强的耐毒性和积累能力的特点。

另外,结合了微生物法和植物修复法的人工湿地技术具有很强的吸附和转移水体中重金属的能力,通常被用于治理水体的重金属污染。

3.3　水体有机物污染防治技术

水体有机物污染是另一种非常典型的水体污染类型。根据《2017中国生态环境状况公报》,我国黄河流域、松花江流域、淮河流域、海河流域、辽河流域均受到了不同程度的有机物污染,有机物仍然是我国河流、湖泊、水库等地表水体中的主要污染物。

3.3.1　水体有机物污染的特点、成因和危害

水体中的有机物污染主要来源于城市居民日常生活排放的污水和很多工业废水,这些水体中含有大量的溶解状有机物质,主要包括以下几类:①农药,包括杀虫剂、除草剂、有机氯农药、有机磷农药、拟除虫菊酯类杀虫剂等;②药品及个人护理品,包括抗生素、消炎药、止痛药、降压药、降脂剂、抗癌剂、避孕药、催眠药、减肥药、香料、化妆品、染发剂、发胶、香皂、洗发水等;③工农业用原料、产品及排放的废弃物,包括某些溶剂(如四氯化碳)、增塑剂(如邻苯二甲酸脂类)、石油化学品(如苯、甲苯、二甲苯、甲基叔丁基醚等)、稀释剂及化工产品在生产过程中的副产品等;④化学物品和塑料制品,包括以甲基苯、苯胺、酚、烷基类、硝基类化合物为基础的化工产品,如合成洗涤剂、表面活性剂、消毒剂、防腐剂、合成树脂原料、杀菌防腐剂、涂料、阻燃剂、塑料制品和石油制品及衍生物[10]。

有机物具有持久、难分解的特点,能够在生物体内积累,因此水体的有机物污染对环境和生物具有较大危害。

目前我国许多城市中存在的黑臭河就是河道有机物污染严重所造成的。黑臭河已成为我国城市河道污染问题中亟待解决的水环境问题。黑臭河是有机物污染的一种极端现象,是由于水体缺氧、有机物腐败而造成的。其理化环境表现为强还原性质,有机无机污染极其严重,水体有异味,已经不适合水生生物生存。因此黑臭河中水生植被退化甚至灭绝,浮游植物、浮游动物、底栖动物只有少量耐污种存在,食物链断裂,食物网支离破碎,生态系统结构严重失衡,功能严重退化甚至丧失。

3.3.2 水体有机物污染防治技术的种类、特点和应用

目前水体有机物污染的处理方法大致分为物理方法、化学方法和生物方法。利用物理方法和化学方法处理黑臭水体费用较高,并且化学方法还存在二次污染的危害。但是目前国外的一些应用表明,物理方法和化学方法在实例处理中仍然效果良好,对于某些单纯采用生物方法处理效果不达标的污水有较好作用。

(1)物理方法

目前修复水体有机物污染的物理处理方法主要为一些工程类手段,包括截污、调水/引水冲污、生态清淤/底泥疏浚等水利工程以及河道曝气(人工增氧)措施。

调水/引水冲污是指利用清洁的江河水来置换受污染的河道污水,将污染河道中的污水进行稀释或带入下游,从而降低河道内有机物污染的含量,提高河水的自净能力。引水冲污的渠道如图3.5所示。该方法的特点是见效快,但只能稀释或转移污染物,不能从根本上降低污染物总量,治标不治本。

图3.5 引水冲污的渠道

生态清淤/底泥疏浚是指利用挖掘机、挖泥船等机械设备对河道底泥进行疏挖,以减少底泥中有机污染物向水体的释放(见图3.6)。该方法能够有效去除底泥中的污染物,有效减少内源污染,对改善河流水质有较好的作用,但该方法工程量大,费用较高。

图3.6 通过底泥疏浚治理污染河道

　　河道曝气是指在适当的位置,人工向水体中充入氧气,提高水体的溶解氧水平,恢复和增强水体中好氧微生物的活力,使微生物高效降解水体的有机物,使水体自净能力增强,从而改善河流的水质状况。河道曝气技术设备一般分为固定式充氧站(鼓风曝气机、机械曝气机)和移动式充氧平台(曝气船)[11](见图3.7)。河道曝气技术操作简单,有利于污泥絮凝和水质混合,是目前维护河流水质最有效的技术。但该过程无法迁出、转移、输出污染物的分解产物,可能导致河水中有机污染物浓度的反弹[12]。另外,一旦停止人工曝气,水质很快又会恶化到原来的水平。因此,河道曝气只能作为河流、湖泊修复的一种缓解措施和辅助手段。

图3.7 用于有机物污染水体人工增氧的曝气机和曝气船

（2）化学方法

修复水体有机物污染的化学方法主要是采用絮凝沉淀技术,向城市污染河流的水体中投加铁盐、钙盐、铝盐等药剂,使之与水体中溶解态磷酸盐形成不溶性固体沉淀至河床底泥中。但需要注意的是,化学絮凝法的费用较高,并且产生较多沉积物,某些化学药剂具有一定毒性,在环境条件改变时会形成二次污染。

常见的化学方法有强化混凝、活性炭等,其中强化混凝法被美国环保局推荐为最佳去除有机物的方法。自然水体存在的混凝现象对水质转变有十分显著的影响。水体颗粒物及溶解性的毒害物质通过自然混凝沉淀、迁移、转化,逐渐恢复水体健康。混凝过程分为压缩双层、吸附电中和、吸附架桥和沉淀物网捕四种。

通过增加混凝剂的投加量来提高有机物去除率的方法即强化混凝技术,相对常规混凝不同,强化混凝可高效去除有机污染物。引起水体黑臭原因包括腐殖质、硫化铁胶体和悬浮颗粒等。混凝剂通过中和带负电腐殖质,吸附架桥、共沉淀作用,有效消除水中有机物污染和黑臭现象。

不同化学混凝剂的胶体脱稳、凝聚或絮凝方式也不同。常见的絮凝剂分为无机、有机高分子、表面活性剂三种,如聚丙烯胺、聚合氯化铝（polyaluminium chloride,PAC）。较少使用氯化镁,主要是因为氯化镁可能引入杂质,但可添加助凝剂石灰、卤素等以去除镁离子,并促进混凝沉淀。聚合氯化铝在工业中常用作表面活性剂、润滑剂等,在水处理混凝过程中去除浊度和可溶有机物。往往阳离子水解盐比铝盐或铁盐更有效。因为胶体在自然水体中以负电荷的形式存在。强化混凝沉淀能够有效移除有机污染物,短期效果明显,但混凝效果与有机物分子量有关,常用于富营养化水体的急性有机物污染处理,但混凝剂会增加底泥负荷,且不利于生态修复,也易破坏原有的生态系统,因此主要适用于水质和水量经常发生变化的河道。

(3)生物方法

修复水体有机物污染的生物方法具有很多优点,包括节约成本、处理效果好、不耗能或者耗能少,此外,生物方法不会向水体投放药剂,避免了二次污染。

现阶段的生物方法比较繁多,大致可分为植物修复、动物修复和微生物修复。其中微生物修复技术近几年发展迅速,已经成为一种经济效益和环境效益俱佳的、能够解决复杂环境污染问题的有效手段。受污染水体中有机物的降解主要依靠微生物的降解作用。当水体污染严重而且缺乏有效的微生物作用时,向水体中投放微生物,可以促进有机污染物的降解。适合于水体净化的微生物主要有硝化细菌、有机污染物高效降解菌和光合细菌等。根据微生物投放方式的不同,微生物修复技术又可分为直接投菌法和生物膜法。

直接投菌法是指向污染严重的水体中直接投放一定量的微生物菌剂。该方法常作为一种水质改善的应急措施,在短时间内发挥净化功效以改善水质,同时,该方法也具有一些明显的缺点,如所需的菌剂量大、净化效果持续时间较短、河水流动性易造成菌剂流失。为保持微生物净化效果,通常需要经常性地投加菌剂,直至河流恢复其生态自净功能,处理成本较高。当前,直接投菌法常与河道曝气配合使用。例如,2001年在上海苏州河支流绥宁河的治理中,在水车式增氧机的曝气辅助下,向河道中投加的高效菌种(包括光合细菌和玉垒菌)和生物促生液(即 Bio Energizer)使黑臭现象迅速被消除。

生物膜法是指在受污染水体中放置能附着大量微生物生长的填料,在其表面形成生物膜,通过生物膜中的微生物对有机污染物的降解而达到净化水质的效果。生物膜技术既可用于治理河流、湖泊等野外水体,也可用于治理工业和生活污水。常用于净化河流的生物膜法有砾间接触氧化法、沟渠内接触氧化法、薄层流法和伏流净化法等。生物膜法主要应用在有机物

65

污染不太严重的小型河流中。

在实际应用中,最为常见的有日本琉球大学(University of the Ryukyus)比嘉照夫教授在20世纪80年代研制的有效微生物(effective microorganisms,EM)技术。该技术包含了10属80多种微生物,其中具有代表性的有光合细菌类、放线菌类、酵母菌类和乳酸菌类,这些有益菌群能迅速分解水中的有机物。EM技术在国际上得到了广泛研究和应用。另外,在大多数实际生物修复工程中都会应用到土著微生物,一方面是由于土著微生物降解污染物的潜力巨大,另一方面也是因为接种的微生物在环境中难以保持较高的活性以及工程菌的应用受到较严格的限制。

综合以上处理方法,可以看出,微生物处理方式以其巨大优点成为处理污水最为实用的方式。但是,单一投加微生物处理效果不是非常理想。所以以目前各种实验综合来看,综合采用物理、化学和生物方法防治水体有机物污染,是最为现实并且效果最为理想的方式。

3.4 小 结

本章对富营养化、重金属和有机物三种水污染类型的概念、特点、成因和危害等进行了分析,调研了当前针对这三种水污染类型的各种水污染防治技术的种类、特点和应用情况。通过调研可知,治理水污染的物理、化学和工程类等传统型技术由于费用高、效果差等原因已无法适应当前水污染治理的发展形势,而利用植物、微生物的生态型水体修复技术则受到越来越多的关注,在实际应用中也日益广泛。

参考文献

[1] 夏宏生,向欣.废水除磷技术及进展分析[J].环境科学与管理,2006,31(1):125-128.

[2] 茹改霞.富营养化水体除磷技术的研究进展[J].广东化工,2017,44(23):100-114.

[3] 郑焕春,周青.微生物在富营养化水体生物修复中的作用[J].中国生态农业学报,2009,17(1):197-202.

[4] 董文龙,闵水发,杨杰峰,等.湖泊富营养化防治对策研究[J].环境科学与管理,2014,39(11):82-85.

[5] 陈栩璇.浅谈水体富营养化及其生物防治措施[J].江西化工,2018(2):213-215.

[6] 刘玉泉.浅析水体富营养化:成因、防治原理及措施[J].环境科学,2018(3):126.

[7] 黄海涛,梁延鹏,魏彩春,等.水体重金属污染现状及其治理技术[J].广西轻工业,2009,25(5):99-100.

[8] 孙维锋,肖迪.水体重金属污染现状及治理技术[J].能源与节能,2012(2):49-50.

[9] 杨正亮,冯贵颖,呼世斌.等.水体重金属污染研究现状及治理技术[J].干旱地区农业研究,2005,23(1):219-222.

[10] 王梦乔,周庆,李爱民.环境水体微污染有机物及其去除技术研究进展[J].环境污染与防治,2012,34(6):71-76.

[11] 谢飞,吴俊峰.城市黑臭河流成因及治理技术研究[J].污染防治技术,2016,29(1):1-3.

[12] 宋钊.城市河流水污染治理及修复技术[J].工业用水与废水,2013,44(4):6-8.

第4章　全球水污染防治技术专利比较分析

本章将开展全球水污染防治技术专利的调查和分析,从技术创新与专利的角度进行分析,为我国开展水污染防治技术的研究创新、应用和示范提供参考支撑。

4.1　主要研究方法

本章所做研究的专利数据来自于德温特专利索引数据库(Derwent Innovations Index, DII)、Innography专利数据库和中国科学院专利在线分析系统。

4.1.1　三种水污染类型防治技术专利检索式的构建

在对相关科技文献进行调研的基础上,结合专家咨询,确定全球水污染防治技术所包含的技术类别,根据这些技术构建相应的专利检索式,在DII数据库中进行专利检索。专利检索日期为2018年7月15日。

水体富营养化防治技术专利检索关键词和检索式如表4.1所示。

表4.1 水体富营养化防治技术专利检索关键词和检索式

主题	关键词	检索式
富营养	富营养(eutrophicated, eutrophication, eutrophic); 富营养水(rich nutrition water, nutrient-rich water); 富营养河流(rich nutrition river, nutrient-rich river); 富营养湖泊(rich nutrition lake, nutrient-rich lake)	(1)TS=("eutrophic*" OR "rich nutrition water" OR "nutrient-rich water" OR "rich nutrition river" OR "nutrient-rich river" OR "rich nutrition lake" OR "nutrient-rich lake") AND IP="C02F*"
除氮、硝酸盐、亚硝酸盐和氨、硝化、反硝化和厌氧氨氧化	氮(nitrogen); 硝酸盐(NO_3^- nitrate); 亚硝酸盐(NO_2^- nitrite); 氨(ammonia, ammonium, hydrogen nitride); 硝化(nitrify, nitrification); 反硝化(denitrify, denitrification); 厌氧氨氧化(anaerobic ammonium oxidation)	(2)TS=(("nitrogen" OR "nitrate" OR "nitrite" OR "ammonia" OR "ammonium" OR "hydrogen nitride") SAME (remov* OR eliminat* OR adsor* OR absor* OR degrad* OR purif* OR reduc* OR decreas*)) AND IP="C02F*" (3)TS=("nitrif*" OR "denitrif*" OR "anaerobic ammonium oxidation") AND IP="C02F*"
除磷	磷(phosphorus); 磷酸盐(phosphate); 亚磷酸盐(phosphite); 次磷酸盐(hypophosphite); 脱磷(dephosphorize)	(4)TS=(("phosphorus" OR "phosphate" OR "phosphite" OR "hypophosphite") SAME (remov* OR eliminat* OR adsor* OR absor* OR degrad* OR purif* OR reduc* OR decreas* OR neutraliz* OR precipitat*)) AND IP="C02F*" (5)TS="dephosphoriz*" AND IP="C02F*"
除藻	藻(alga, algae, algal); 浮游植物(phytoplankton); 蓝藻(blue-greenalgae, blue-greenbacteria, cyanobacteria, cyanophytes); 绿藻(greenalgae, chlorophyta); 硅藻(diatom, bachilariophyta); 除藻剂(algaecide)	(6)TS=(("alga" OR "algae" OR "algal" OR "phytoplankton" OR "blue-green bacteria" OR "cyanobacteria" OR "cyanophytes" OR "chlorophyta" OR "diatom" OR "bachilariophyta") SAME (remov* OR eliminat* OR adsor* OR absor* OR degrad* OR decompos* OR reduc* OR decreas* OR separat* OR collect* OR kill* OR destroy* OR inactivat* OR deactivat* OR immobiliz* OR salvag* OR harvest* OR captur*)) AND IP="C02F*" (7)TS="algaecide" AND IP="C02F*"
汇总	专利件数55840项	检索式(1)OR检索式(2)OR检索式(3)OR检索式(4)OR检索式(5)OR检索式(6)OR检索式(7)

水体重金属污染防治技术专利检索关键词和检索式如表4.2所示。

表4.2　水体重金属污染防治技术专利检索关键词和检索式

主题	关键词	检索式
重金属	重金属(heavy metal)； 铅(lead/Pb)； 镉(cadmium/Cd)； 铬(chromium/Cr)； 汞(mercury/Hg)； 砷(arsenic/As)； 铜(copper/Cu)； 镍(nickel/Ni)； 银(silver/Ag)； 钴(cobalt/Co)	TS=(("heavy metal" OR "lead" OR "Pb" OR "cadmium" OR "chromium" OR "Cr" OR "mercury" OR "arsenic" OR "copper" OR "Cu" OR "nickel" OR "Ni" OR "silver" OR "Ag" OR "cobalt" OR "Co") SAME (treat* OR remov* OR eliminat* OR adsor* OR absor* OR reduc* OR decreas* OR combin* OR accumulat* OR separat* OR neutraliz* OR precipitat* OR degrad* OR immobiliz* OR captur*)) AND IP="C02F*" NOT TS=("lead to" OR "lead screw" OR "lead titanate" OR "lead silicate" OR "lead nitrate")
汇总	专利件数36618项	

水体有机物污染防治技术专利检索关键词和检索式如表4.3所示。

表4.3　水体有机物污染防治技术专利检索关键词和检索式

主题	关键词	检索式
有机物污染	有机物(organics, organic matter；organic pollutants；organic contaminants；organic solvent；organic substance；organic compounds；organic material；organic component)； 浮游生物(plankton)； 浮游动物(zooplankton)； 浮游植物(phytoplankton)； 藻类(alga；algae；algal)； 蓝藻(blue-green algae； 硅藻(diatom；bachilariophyta)； 微生物(microorganism；microbe)；细菌(bacteria；germ)； 真菌(fungus；fungi)； 病毒(virus；viruses)； 酚类化合物(phenols；phenolic compounds；phenol compounds；phenolic substances)； 苯类化合物(chlorobenzenes；chloro-benzenes；benzene compounds；biphenylenes；phenyl compounds)； 卤代烃类化合物(halohydrocarbons；halogenated hydrocarbons)； 三氯甲烷(trichlormethane；chloroform；methenyl trichloride)； 四氯化碳(carbon tetrachloride)	(1)TS=(("organic*" OR "phenols" OR "phenol compounds" OR "phenolic compounds" OR "phenolic substances" OR "chlorobenzenes" OR "chlorobenzenes" OR "benzene compounds" OR "biphenylenes" OR "phenyl compounds" OR "halohydrocarbons" OR "halogenated hydrocarbons" OR "trichlormethane" OR "chloroform" OR "methenyl trichloride" OR "carbon tetrachloride") SAME (remov* OR eliminat* OR reduc* OR decreas* OR degrad* OR decompos* OR adsor* OR absor* OR separat*)) AND IP="C02F*" (2)TS=(("plankton" OR "zooplankton" OR "phytoplankton" OR "alga" OR "algae" OR "algal" OR "blue-green bacteria" OR "cyanobacteria" OR "cyanophytes" OR "chlorophyta" OR "diatom" OR "bachilariophyta" OR "microorganisms" OR "micro-organisms" OR "microbes" OR "bacteria" OR "germs" OR "fungi" OR "viruses") SAME (remov* OR eliminat* OR adsor* OR degrad* OR decompos* OR reduc* OR decreas* OR separat* OR kill* OR destroy* OR inactivat* OR deactivat* OR immobiliz* OR captur*)) AND IP="C02F*"
汇总	专利件数70339项	检索式(1) OR 检索式(2)

4.1.2　综合性水污染防治技术专利检索式的构建

基于以上分析,能够同时治理富营养化、重金属和有机物的综合性水污染防治技术的专利数量应由以下两部分组成。

(1)三种水污染类型防治技术专利的交集

检索式A:TS=((富营养化55840项) AND (重金属36618项) AND (有机物70339项))

(2)黑臭河/黑臭水

关键词:黑臭河/黑臭水(black-odor river;black and odorous river;black river;malodorous river;malodorous black river;black smelly water;black and smelly water;black and odorous water;black-odor water;black ozone water;malodorous black water)。

检索式B:TS=("black-odor river" OR "black and odor* river" OR "black river" OR "malodorous river" OR "malodorous black river" OR "black smelly water" OR "black and smelly water" OR "black and odor* water" OR "black-odor water" OR "black ozone water" OR "malodorous black water")

因此,能够同时治理富营养化、重金属和有机物三种污染类型的综合性水污染防治技术专利的总检索式为:检索式A OR 检索式B。检索数量为5087项。检索日期为2018年7月12日。

4.2　全球水污染防治技术专利申请态势

全球水污染防治技术专利申请态势如图4.1所示。全球水污染防治技术专利申请始于1969年,在此后的20多年里,专利数量增长缓慢,每年专利的申请量在20项左右。1995年以后,全球水污染防治技术专利申请呈明显增长趋势,1999年突破100项。此后专利申请量每年快速增加,特别是2013年以后,专利申请量飞速增长,在2015年达到了峰值804项①。

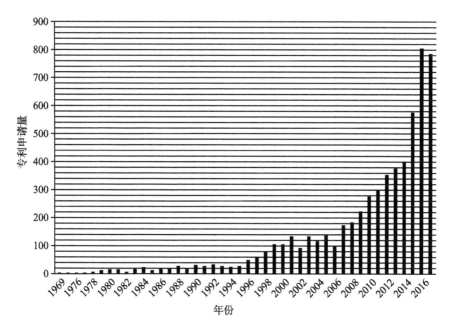

图4.1 全球水污染防治技术专利申请态势

4.3　全球水污染防治技术专利申请活跃性

全球水污染防治技术发明人数量的变化情况如图4.2所示。1969—1995年在水污染防治技术领域申请专利的发明人数量较少,1996年以后发明人数量快速稳步增长,近几年每年申请专利的发明人数量达1000多人,而且新增发明人数量也保持稳定增长。

① 通过第5章的分析可以看出,我国水污染防治技术专利申请量占全球水污染防治技术专利总量的60%,这是当前全球水污染防治技术专利的申请快速增长的主要原因。

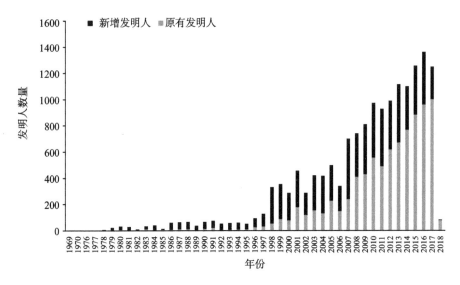

图4.2 全球水污染防治技术发明人数量的变化情况

全球水污染防治技术专利所涉及的技术类别数量的变化情况如图4.3所示。1969—1995年水污染防治技术领域专利所涉及的技术类别较少,1995年以后专利所涉及的技术类别越来越多,技术领域也越来越广。

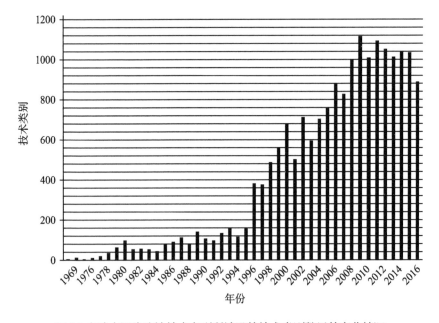

图4.3 全球水污染防治技术专利所涉及的技术类别数量的变化情况

　　结合专利申请量、发明人数量和专利所涉及的技术类别数量这三个指标可以看出,当前全球水污染防治技术专利申请处于非常活跃的阶段①。

　　2016—2018年全球水污染防治技术专利申请最活跃的专利权人及其专利申请量如表4.4所示。主要专利权人(专利数量大于5)全部为我国机构。这些机构以高校为主(华南理工大学、浙江海洋大学、江苏大学、东华大学等),也包括几家企业,还包括三家研究型机构(中国科学院、中国环境科学研究院和天津市环境保护科学研究院)。这说明当前我国水污染防治技术专利申请非常活跃。

表4.4　2016—2018年全球水污染防治技术专利申请最活跃的专利权人及其专利申请量

序号	专利权人	专利数量	序号	专利权人	专利数量
1	中国科学院	39	19	格丰环保科技有限公司	9
2	北京益清源环保科技有限公司	26	20	西安建筑科技大学	8
3	华南理工大学	15	21	苏州科环环保科技有限公司	8
4	浙江海洋大学	15	22	中国石油大学	8
5	江苏大学	14	23	齐鲁工业大学	8
6	东华大学	14	24	福州大学	7
7	中冶华天工程技术有限公司	13	25	浙江工业大学	7
8	南京大学	11	26	中国环境科学研究院	7
9	山东大学	10	27	安徽师范大学	7
10	济南大学	10	28	四川大学	7
11	河海大学	10	29	武汉理工大学	6
12	北京工业大学	10	30	天津市环境保护科学研究院	6
13	同济大学	9	31	北京桑德环境工程有限公司	6
14	长沙风正未来环保科技有限公司	9	32	北京大学	6

────────────

　　① 我国当前水污染防治技术专利申请的活跃直接导致了全球水污染防治技术专利表现出非常活跃的状态。

序号	专利权人	专利数量	序号	专利权人	专利数量
15	浙江大学	9	33	河南师范大学	6
16	天津工业大学	9	34	四川理工学院	6
17	辽宁大学	9	35	南京工业大学	6
18	北京化工大学	9	36	广州资源环保科技股份有限公司	6

4.4 全球水污染防治技术专利技术分布特点

对全球水污染防治技术专利技术分布情况进行分析,得到这些专利所覆盖的前20个技术领域如表4.5所示。其中,吸附法处理水、废水或污水的专利数量最多(936项)。

表4.5 全球水污染防治技术专利所覆盖的前20个技术领域

序号	IPC分类号	技术领域	专利数量
1	C02F-001/28	吸附法处理水、废水或污水	936
2	C02F-003/34	以利用微生物为特征的水、废水或污水的生物处理	713
3	C02F-001/72	氧化法处理水、废水或污水	505
4	C02F-009/14	至少有一个生物处理步骤的水、废水或污水的多级处理	445
5	C02F-001/30	光照法处理水、废水或污水	440
6	B01J-020/30	制备、再生或再活化吸附剂的方法	424
7	C02F-101/30	水、废水或污水中的污染物为有机化合物	381
8	C02F-101/20	水、废水或污水中的污染物为重金属或重金属化合物	378
9	C02F-001/50	添加或使用杀菌剂或用微动力处理水、废水或污水	370
10	C02F-001/62	水、废水或污水中重金属化合物的去除	328
11	C02F-001/52	水、废水或污水中悬浮杂质的絮凝或沉淀	290

序号	IPC分类号	技术领域	专利数量
12	C02F-003/32	以利用动物或植物为特征的水、废水或污水的生物处理方法	283
13	C02F-001/58	除去水、废水或污水中特定的溶解化合物	256
14	C12N-001/20	微生物(细菌)	247
15	C02F-001/00	水、废水或污水的处理	233
16	B01J-020/28	以其形态或物理性能为特征固体吸附剂组合物或过滤助剂组合物	210
17	C02F-001/42	离子交换法处理水、废水或污水	200
18	C02F-003/30	利用好氧和厌氧工艺的水生物处理方法	190
19	C02F-101/16	水、废水或污水中的污染物为含氮无机化合物	185
20	C02F-001/461	电解法处理水、废水或污水	182

4.5 全球最新水污染防治技术专利及发展方向

依据2016—2018年全球水污染防治技术专利首次涉及的IPC分类号，对最新出现的专利技术进行分析，得到如表4.6所示结果。

表4.6 2016—2018年全球水污染防治技术专利首次涉及的IPC分类号及对应的技术领域

序号	IPC分类号	技术领域	专利数量
1	A01K-061/10	通过鱼类、贻贝、蜊蛄、龙虾等的养殖净化水体	6
2	C12R-001/46	利用链球菌属净化水体	6
3	C12R-001/25	利用无色杆菌属净化水体	5
4	C12N-001/13	引入外来遗传物质修饰的单细胞藻类	5
5	E02F-005/28	清理水道或其他水系用的挖掘机或疏浚机	4
6	E03F-005/10	集水池;调节径流量的平衡池;蓄水池	4
7	A01C-021/00	施肥方法	3
8	A01K-001/01	畜牧业养殖粪尿的清除	3

续表

序号	IPC分类号	技术领域	专利数量
9	B63B-035/00	适合于藻类打捞的船舶或类似的浮动结构	3
10	A01B-079/02	与其他农业过程,例如施肥、种植相结合的整地方法	3
11	A01K-067/02	脊椎动物的养殖方法	3
12	B01D-071/78	以接枝聚合物为材料的用于水体净化的半透膜	3
13	B01J-027/125	含有钪、镱、铝、镓、铟或铊的用于净化水体的催化剂	3
14	C01B-039/04	吸附剂结晶硅酸铝沸石及其制备方法	3
15	C12R-001/04	利用放线菌属净化水体	3
16	C12R-001/12	利用芽孢杆菌属多黏芽孢杆菌净化水体	2
17	C12R-001/72	利用真菌(假丝酵母属)净化水体	2
18	C12R-001/82	利用青霉属(产黄青霉)净化水体	2
19	C12R-001/84	利用真菌(毕赤酵母属)净化水体	2
20	C12R-001/225	利用乳杆菌属净化水体	2
21	C12R-001/265	利用微球菌属净化水体	2
22	E02B-003/10	坝;堤;用于堤、坝或类似工程的泄水道或其他构筑物	2

　　2016—2018年全球水污染防治技术领域新出现的专利技术绝大部分为我国机构申请,仅2项为国外机构申请(见表4.7)。这些新技术的出现代表着全球水污染防治技术领域的发展方向,主要集中于城市黑臭水体的治理、吸附剂/材料、催化剂、蓝藻治理、微生物处理方法、水质改良的水产养殖等领域。具体来说,城市黑臭水体的治理新技术朝着智能机器人、处理装置性能的改进、生物处理方法的改进、微生物制剂及制备方法的改进、新型高效菌种培育等方向发展。吸附剂/材料技术朝着水体中新型染料、金属吸附剂的优化和制备方向发展。催化剂技术主要朝着新型光催化剂和臭氧催化剂的制备以及性能的改进方向发展。蓝藻治理新技术朝着新型蓝藻抑制剂的制备和用活性微生物组合生物制剂治理蓝藻的方向发展。微生物处理方法主

要朝着多功能复合菌剂制备和性能改进、铅锌污染水体的快速治理、利用微生物菌剂降解汽油类石油烃的方向发展。水质改良的水产养殖主要朝着养殖方法的改进以及水质改良剂的制备的方向发展。

表4.7 2016—2018年全球水污染防治技术领域新出现的专利技术

序号	专利号	专利名称	专利权人	申请年份
1	CN105724297	一种主养草鱼、鲫鱼和鳙鱼的生态混养方法	通威股份有限公司	2016
2	CN106508735	一种田螺和鱼立体混养的方法	宾阳县阳光农村产业农民专业合作社	2016
3	CN106563431	一种复合光催化剂及其制备方法、应用	杭州同净环境科技有限公司	2016
4	CN206289133	一种处理黑臭水体的装置	海绵城市投资股份有限公司	2016
5	CN206298429	组合式多功能的生态浮岛	江苏维尔利环保科技股份有限公司	2016
6	CN206308116	一种水体污染治理装置	中瑞绿色环保有限公司	2016
7	CN106638750	一种城市干渠箱涵黑臭河道生态治理机器人	张爱均	2016
8	CN105780906	一种分片弃流截污排放系统	武汉圣禹排水系统有限公司	2016
9	CN106545069	一种治理城市黑臭水体的串联截污纳管方法	南京工业大学	2016
10	CN106034652	一种种植黑麦草来改善稻田水质的方法	太仓市雅丰农场专业合作社	2016
11	CN106348544	一种生物与生态相耦合的黑臭水体自复氧修复系统	重庆市环境科学研究院	2016
12	CN206244591	生物与生态相耦合的黑臭水体自复氧修复系统	重庆市环境科学研究院	2016
13	CN106242064	一种高水力负荷人工湖湖滨带生态修复方法	广州市水务科学研究所	2016
14	CN105794876	一种改性核桃壳蓝藻抑制剂及其制备方法	芜湖凯奥尔环保科技有限公司	2016
15	CN105851088	一种花生壳-钛酸钾晶须复合蓝藻抑制剂及其制备方法	芜湖凯奥尔环保科技有限公司	2016
16	CN105941481	一种铝柱撑蒙脱土蓝藻抑制剂及其制备方法	绩溪袁稻农业产业科技有限公司	2016
17	CN106179003	一种用于吸附水中染料的聚醚胺/聚偏氟乙烯复合多孔膜及其制备方法	上海交通大学	2016

序号	专利号	专利名称	专利权人	申请年份
18	CN106563431	一种复合光催化剂及其制备方法、应用	杭州同净环境科技有限公司	2016
19	CN205556424	一种黑臭水体底泥治理船	石家庄市源生园环保有限公司	2016
20	CN205856130	可自动巡航的水体净化装置	无锡德林海环保科技股份有限公司	2016
21	CN106423048	一种高选择性Fe/Co/Mn复合修饰分子筛吸附剂及吸附设备	福州大学	2016
22	CN107055927	一种高含盐难降解糖精工业废水废气处理方法及装置	天津市联合环保工程设计有限公司、天津市环境保护科学研究院	2016
23	CN106630351	一种碎煤加压气化废水零排放与资源化处理工艺	赛鼎工程有限公司	2016
24	CN106282061	用于黑臭河道治理的复合微生物制剂及其制备方法和应用	南京中科水治理股份有限公司	2016
25	CN106148246	净化黑臭水体的复配菌剂及其制备方法	蓝德环保科技集团股份有限公司	2016
26	CN106222113	一种快速治理铅锌污染水体的微生物方法	宁波枫叶杰科生物技术有限公司	2016
27	CN105907673	一种采用微生物制剂强化水处理生化效果的方法	广州市佳境水处理技术工程有限公司	2016
28	KR1682581	非点源污染处理系统,包括集热器、沉淀池、厌氧池、电解槽、缺氧室和膜分离池（Non-point pollution source processing system comprises collector, settling tank, anaerobic tank, electrolysis tank, anoxic chamber and membrane separation tub）	DONG AR TECH FIRM CO LTD（东阿科技有限公司）	2016
29	CN107347417	一种水生荧实与鱼类空间混合的养殖方法	舒城县万佛湖渔业总公司	2017
30	CN107396888	一种生态养猪的方法	荔浦鸿博朝阳养殖场	2017
31	CN107827239	一种利用稀脉浮萍与椭圆小球藻联合处理黑臭水体的原位修复方法	湖南大学	2017
32	CN107381832	生物水质净化剂的用途	浦江县协盈动物饲料技术开发有限公司	2017
33	CN107434303	富营养化水产养殖废水的处理方法	兰溪市普润斯水产养殖技术有限公司	2017

序号	专利号	专利名称	专利权人	申请年份
34	CN107619808	可持续降解河涌黑臭水体中阴离子表面活性剂的混合菌种、菌种载体及方法	钟华	2017
35	CN107619809	可持续降解河涌黑臭水体中总磷的混合菌种、菌种载体及方法	钟华	2017
36	CN107619810	可持续降解河涌黑臭水体中氨氮总氮的混合菌种、菌种载体及方法	钟华	2017
37	CN107698038	可持续降解河涌黑臭水体中重金属的混合菌种、菌种载体及方法	钟华	2017
38	CN107265657	活性微生物组合生物制剂用于治理蓝藻的方法	森信必高投资有限公司	2017
39	CN107138168	用于高浓度有机氮废水处理的臭氧催化剂	浙江奇彩环境科技股份有限公司	2017
40	CN107349940	一种Z型磁性纳米复合材料二硫化钼/四氧二铁酸钴光催化剂的制备方法及其应用	中国科学院东北地理与农业生态研究所	2017
41	CN107758953	一种含甲基橙有机废水的联合处理方法	东莞市联洲知识产权运营管理有限公司	2017
42	CN107815456	莱茵衣藻 CENPE1 基因在调控莱茵衣藻镉耐受性中的应用	江汉大学	2017
43	CN107828801	莱茵衣藻 RFC1 基因在调控莱茵衣藻镉耐受性中的应用	江汉大学	2017
44	CN107904248	莱茵衣藻 VMPL1 基因在调控莱茵衣藻镉耐受性中的应用	江汉大学	2017
45	CN107904249	莱茵衣藻 g3148.t1 基因在调控莱茵衣藻镉耐受性中的应用	江汉大学	2017
46	CN206666323	一种智能型黑臭水体原位治理船	博元生态修复(北京)有限公司、博天环境集团股份有限公司	2017
47	CN106746343	一种黑臭水体的处理方法及船载设备	深圳市恒水清环保科技有限公司	2017
48	CN107522367	一种城市黑臭水体的处理方法及应用	北京国泰节水发展股份有限公司、水利部综合事业局、天津海之凰科技有限公司、四川清和科技有限公司、众合同达(天津)科技有限公司	2017

序号	专利号	专利名称	专利权人	申请年份
49	CN107162726	一种用于水草养护和水体生态修复的多功能复合菌剂制备及应用方法	江苏沃纳生物科技有限公司	2017
50	CN107176692	一种虾蟹养殖用的水质改良剂及其制备方法	合肥慧明瀚生态农业科技有限公司	2017
51	CN107551993	一种利用有机原料制备废水重金属吸附材料的方法	长沙埃比林环保科技有限公司	2017
52	CN107459150	一种复合菌颗粒及其污水处理工艺	厦门万嘉生态科技有限公司	2017
53	CN107400648	一种复合微生物组合菌剂,其制备方法和应用、一种黑臭河道的综合治理方法	安徽瑞驰兰德生物科技有限公司	2017
54	CN107879485	一种工业废水中重金属的生物吸附回收方法	合肥郑国生物科技有限公司、江南大学	2017
55	CN107265657	活性微生物组合生物制剂用于治理蓝藻的方法	森信必高投资有限公司	2017
56	CN107267421	一种适用于黑臭水体治理的复合菌剂及其培养方法	东莞市红树林环保科技有限公司	2017
57	CN107418907	一种降解汽油类石油烃的微生物菌剂及其使用方法	辽宁科技大学	2017
58	CN107626219	一种重金属离子和有机染料去除功能的抗污染中空纤维膜	天津市金鳞水处理科技有限公司	2017
59	CN206581218	一种用于城市人工河道治理的坝体装置	山东毅康科技股份有限公司	2017
60	CN106958227	一种双通感潮黑臭河道的治理系统及方法	上谷环境科技有限公司	2017
61	CN106930230	一种单通感潮黑臭河道的治理系统及方法	上谷环境科技有限公司	2017
62	US2017332567	用作有氧生物修复系统或水通道系统的水体系,包括在封闭的水环境中包含惰性介质颗粒的漂浮物质,其中颗粒能够生长植物(Aqueous system used as aerobic bioremediation system or aquaponic system comprises floating mass comprising inert media particles on enclosed aqueous environment, in which particles are capable of growing plants)	BUBBLE CLEAR	2017

4.6　全球最新水污染防治技术专利权人

2016—2018年全球水污染防治技术领域首次出现的专利权人如表4.8所示。主要专利权人(专利数量大于2)均为我国机构,而且以企业为主。这说明我国水污染防治领域不断涌现出新的专利权人,水污染防治技术研发和专利申请活动非常活跃。

表4.8　2016—2018年全球水污染防治技术领域首次出现的专利权人

序号	专利权人	专利数量	序号	专利权人	专利数量
1	北京益清源环保科技有限公司	26	22	无锡龙盈环保科技有限公司	4
2	长沙风正未来环保科技有限公司	9	23	镇江市高等专科学校	4
3	格丰环保科技有限公司	9	24	广西南宁胜祺安科技开发有限公司	3
4	天津市环境保护科学研究院	6	25	浙江大学宁波理工学院	3
5	四川理工学院	6	26	安徽国能亿盛环保科技有限公司	3
6	广州资源环保科技股份有限公司	6	27	广州大学	3
7	东莞市联洲知识产权运营管理有限公司	5	28	江苏理工学院	3
8	北京建筑大学	5	29	博元生态修复(北京)有限公司	3
9	环境保护部华南环境科学研究所	5	30	兰州理工大学	3
10	博天环境集团股份有限公司	5	31	湖南艾布鲁环保科技有限公司	3
11	西南科技大学	5	32	宁波枫叶杰科生物技术有限公司	3
12	中昊晨光化工研究院有限公司	4	33	江苏奥尼斯环保科技有限公司	3
13	安徽瑞驰兰德生物科技有限公司	4	34	无锡德林海藻水分离技术发展有限公司	3
14	芜湖市长江起重设备制造有限公司	4	35	浦江县西泽水产科技有限公司	3
15	中国葛洲坝集团第一工程有限公司	4	36	山东胜伟园林科技有限公司	3
16	肥东县柯文斌家庭农场	4	37	深圳市深水水务咨询有限公司	3

序号	专利权人	专利数量	序号	专利权人	专利数量
17	山东汇盛天泽环境工程有限公司	4	38	浙江清天地环境工程有限公司	3
18	石家庄市源生园环保有限公司	4	39	浙江水马环保科技有限公司	3
19	南京大学(苏州)高新技术研究院	4	40	江苏中宜金大环保产业技术研究院有限公司	3
20	芜湖凯奥尔环保科技有限公司	4	41	津水环保设备工程(天津)有限公司	3
21	无锡德林海环保科技股份有限公司	4			

4.7 小 结

本章在文献调研的基础上,结合关键技术和治理效果研究,构建了针对富营养化、重金属和有机物三种水污染类型的专利检索式,得到了 55840 项水体富营养化防治技术专利、36618 项水体重金属污染防治技术专利和 70339 项水体有机物污染防治技术专利;在此基础上,得到了 5087 项能够同时治理富营养化、重金属和有机物三种污染类型的综合性水污染防治技术专利,为后续的专利分析工作打下基础。

本章还对全球水污染防治技术专利申请态势与活跃性、技术分布特点、最新专利技术及发展方向、专利权人等进行了分析,得出如下结论。

(1)专利申请态势方面,全球水污染防治技术专利的申请于 20 世纪 90 年代后期开始增多,特别是 2013 年后,专利申请量飞速增长。当前全球水污染防治技术的创新和专利申请非常活跃,2016—2018 年专利申请最活跃的专利权人主要集中在我国,且主要为环保类企业。

(2)技术分布方面,全球水污染防治技术专利以吸附法处理水、废水或污水(C02F-001/28),以利用微生物为特征的水、废水或污水的生物处理(C02F-003/34),氧化法处理水、废水或污水(C02F-001/72),至少有一个生物处理步骤的水、废水或污水的多级处理(C02F-009/14),光照法处理水、废水或污水(C02F-001/30),制备、再生或再活化吸附剂的方法(B01J-020/30),水、废水或污水中的污染物为有机化合物(C02F-101/30),水、废水或污水中的污染物为重金属或重金属化合物(C02F-101/20),添加或使用杀菌剂或用微动力处理水、废水或污水(C02F-001/50),以及水、废水或污水中重金属化合物的去除(C02F-001/62)等技术为主。

(3)2016—2018年全球最新出现的水污染防治技术专利绝大部分为我国机构申请,仅2项为国外机构申请。这些新专利技术主要集中于城市黑臭水体的治理、吸附剂/材料研发、催化剂研发、蓝藻治理、利用微生物处理水体、通过水产养殖改良水质等领域。这些技术领域是近年来水污染防治技术技术创新和研发活动的热点技术。

第5章 水污染防治技术专利国别分析

本章将对截至2017年底全球水污染防治技术专利申请量前10位(TOP 10)国家(下称主要国家)进行分析。

5.1 主要国家水污染防治技术专利申请量

全球水污染防治技术专利申请量最多的前10位国家依次是中国、美国、日本、韩国、加拿大、德国、澳大利亚、英国、俄罗斯和法国(见图5.1)。我国专利申请量达到了全球水污染防治技术专利申请量的60%,远多于其他国家。

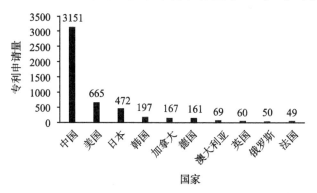

图5.1 主要国家水污染防治技术专利申请量

5.2 主要国家水污染防治技术专利申请年度发展态势

中国水污染防治技术专利申请量年度发展态势如图 5.2 所示。我国于 1984 年首次申请水污染防治技术专利,1984—2003 年间,专利申请发展缓慢,每年专利申请量均为个位数。2004 年以后,我国专利申请呈快速发展态势,每年专利申请量增长明显,2010 年专利申请量首次突破 100 项,达 126 项。2015 年以后,我国水污染防治技术专利申请进入高速发展阶段,2016 年专利申请量达 703 项,2017 年创造了新高(737 项)。

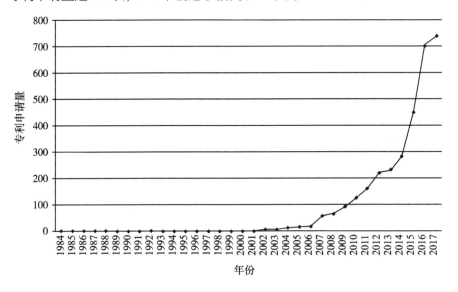

图 5.2 中国水污染防治技术专利申请量年度发展态势

美国水污染防治技术专利申请量年度发展态势如图 5.3 所示。美国于 1970 年首次申请水污染防治技术专利,此后 20 多年专利申请量保持缓慢增长。1995 年以后专利申请呈快速发展态势,2010 年达到峰值(93 项)。此后专利申请进入低速发展阶段,专利申请量呈稳中有降态势,2017 年专利申请量仅为 36 项。

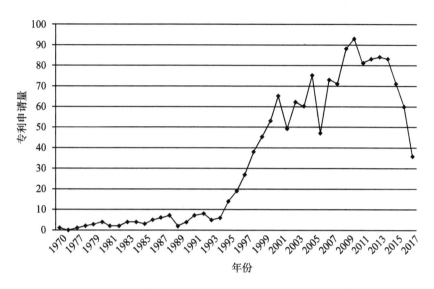

图5.3 美国水污染防治技术专利申请量年度发展态势

日本水污染防治技术专利申请量年度发展态势如图5.4所示。日本于 1969年申请首项水污染防治技术专利,此后多年里专利申请量增长缓慢。 1998—2003年,日本的专利申请增长明显,于2003年达到峰值(44项),此后 专利申请量呈下降态势,2014年和2015年专利申请量仅为个位数,2016年 专利申请量为15项,2017年无相关专利申请。

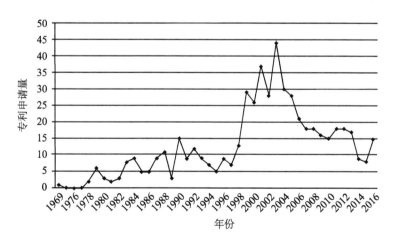

图5.4 日本水污染防治技术专利申请量年度发展态势

韩国水污染防治技术专利申请量年度发展态势如图 5.5 所示。韩国于 1984 年申请首项水污染防治技术专利,此后多年无专利申请。1998—2012 年专利申请呈波浪式上升,专利申请量于 2012 年达到峰值(35项),此后专利 申请呈逐年下降态势,2017 年仅申请 9 项专利。

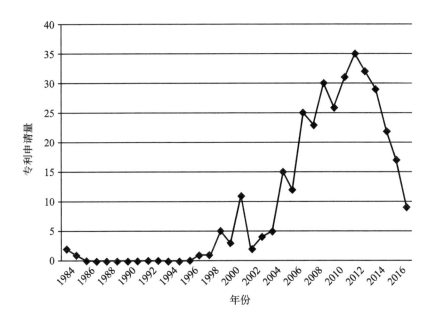

图 5.5 韩国水污染防治技术专利申请量年度发展态势

加拿大水污染防治技术专利申请量年度发展态势如图 5.6 所示。加拿 大于 1982 年申请首项水污染防治技术专利,此后多年专利申请保持缓慢发 展。2004—2010 年专利申请呈快速发展态势,专利申请量于 2010 年达到峰 值(51项),此后专利申请进入稳中有降阶段,2017 年专利申请量仅为 14 项。

德国水污染防治技术专利申请量年度发展态势如图 5.7 所示。虽然德 国水污染防治技术发展较早,于 1976 年申请首项水污染防治技术专利,但专 利申请量一直较少,1997 和 1998 年的专利申请量最多,均为 14 项,此后专利 申请量呈下降态势,2016 和 2017 年仅申请 1~2 项。

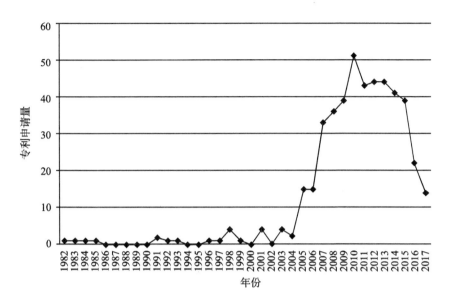

图5.6 加拿大水污染防治技术专利申请量年度发展态势

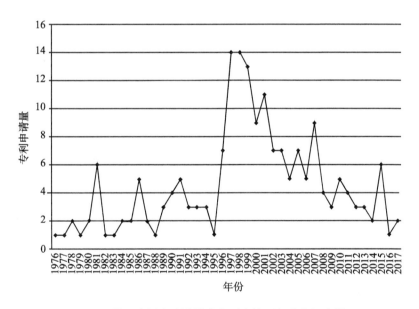

图5.7 德国水污染防治技术专利申请量年度发展态势

澳大利亚水污染防治技术专利申请量年度发展态势如图5.8所示。澳大利亚于1982年首次申请水污染防治技术专利,此后十多年一直发展缓慢。

1998年以后专利申请呈明显增长态势,2010年专利申请量最多(16项)。此后专利申请进入稳中有降阶段,2015—2017年专利申请量仅为个位数。

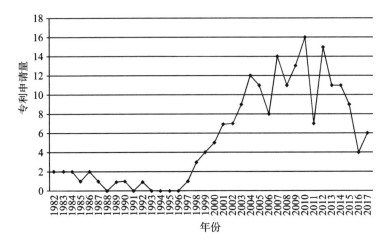

图5.8 澳大利亚水污染防治技术专利申请量年度发展态势

英国水污染防治技术专利申请量年度发展态势如图5.9所示。英国首项水污染防治技术专利出现在1980年,此后每年专利申请量均很少,最多为4项。2016和2017年无相关专利申请。

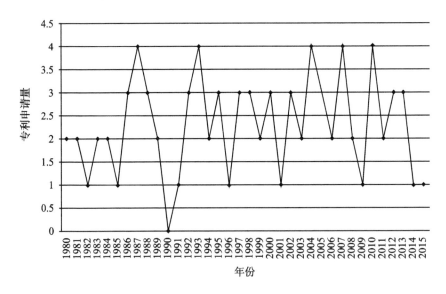

图5.9 英国水污染防治技术专利申请量年度发展态势

　　俄罗斯水污染防治技术专利申请量年度发展态势如图5.10所示。俄罗斯首项水污染防治技术专利出现在1979年,1980年的专利申请量最多(6项),此后每年专利申请量均很少,1996年以后每年最多仅申请2项专利,2017年无相关专利申请。

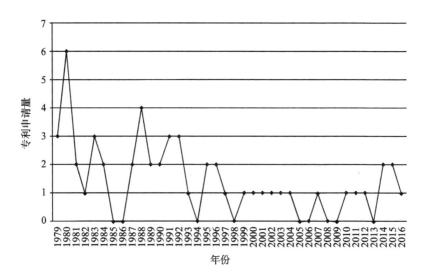

图5.10　俄罗斯水污染防治技术专利申请量年度发展态势

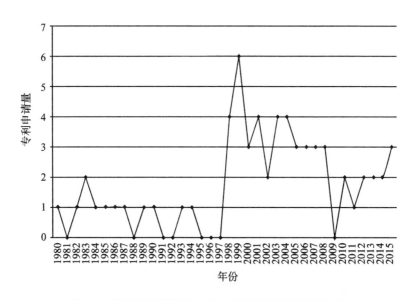

图5.11　法国水污染防治技术专利申请量年度发展态势

法国水污染防治技术专利申请量年度发展态势如图5.11所示。法国于1980年首次申请水污染防治技术专利,此后每年专利申请量均较少,1999年的专利申请量最多(6项),2016和2017年无相关专利申请。

5.3 主要国家水污染防治技术专利技术分布特点

主要国家水污染防治技术专利在前10个技术领域(见表5.1)的分布如图5.12所示。图5.12不仅能够反映各国专利技术分布的特点,还能够反映不同国家水污染防治技术的重点方向和优势,具体分析如下。

表5.1 全球水污染防治技术专利所覆盖的前10个技术领域

序号	IPC分类号	技术领域
1	C02F-001/28	吸附法处理水、废水或污水
2	C02F-003/34	以利用微生物为特征的水、废水或污水的生物处理
3	C02F-001/72	氧化法处理水、废水或污水
4	C02F-009/14	至少有一个生物处理步骤的水、废水或污水的多级处理
5	C02F-001/30	光照法处理水、废水或污水
6	B01J-020/30	制备、再生或再活化吸附剂的方法
7	C02F-101/30	水、废水或污水中的污染物为有机化合物
8	C02F-101/20	水、废水或污水中的污染物为重金属或重金属化合物
9	C02F-001/50	添加或使用杀菌剂或用微动力处理水、废水或污水
10	C02F-001/62	水、废水或污水中重金属化合物的去除

和其他国家相比,我国水污染防治技术专利的重点方向较多,优势比较明显,最为显著的优势技术包括吸附法处理水、废水或污水,利用微生物为特征的水、废水或污水的生物处理等。同时,我国水污染防治技术也存在发展不平衡的问题,特别是在离子交换法处理水体、以离子交换材料作为吸附

剂处理水体、用电化学方法处理污染水体、去除水体中污染物的半透膜的制备方法等方面技术较为薄弱,亟待加强。

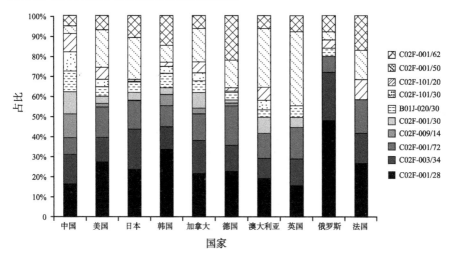

图5.12 主要国家水污染防治技术专利在前10个技术领域的分布

美国水污染防治技术专利的重点方向和优势技术包括吸附法处理水、废水或污水,添加或使用杀菌剂或用微动力处理水、废水或污水,氧化法处理水、废水或污水等。此外,美国在用电化学方法处理污染水体、用臭氧处理污染水体、溶剂萃取法处理水体、处理水体的过滤材料等方面存在不足。

日本水污染防治技术专利的重点方向和优势技术包括吸附法处理水、废水或污水,添加或使用杀菌剂或用微动力处理水、废水或污水,以利用微生物为特征的水、废水或污水的生物处理等。此外,日本在利用臭氧处理污染水体、污染水体的生物处理、脱气法处理水体、电解法处理水体等方面存在不足。

韩国水污染防治技术专利的重点方向和优势技术包括吸附法处理水、废水或污水,水、废水或污水中重金属化合物的去除等。此外,韩国在浮选法处理水体、蒸馏法处理水体、使用杀菌剂或用微动力处理水体、污水的多级处理等方面存在不足。

加拿大水污染防治技术专利的重点方向和优势技术包括吸附法处理水、废水或污水,添加或使用杀菌剂或用微动力处理水、废水或污水等。此外,加拿大在污水的多级处理、蒸馏法处理水体、利用磁场或电场处理水体、利用好氧工艺处理水体等方面存在不足。

德国水污染防治技术专利的重点方向和优势技术包括吸附法处理水、废水或污水,水、废水或污水中重金属化合物的去除等。此外,德国在浮选法处理水体、用电凝聚法处理水体、电化学分离方法处理水体、用磁场或电场水体水体、利用好氧工艺处理水体、水体的多级处理等方面存在不足。

澳大利亚水污染防治技术专利的重点方向和优势技术包括添加或使用杀菌剂或用微动力处理水、废水或污水,吸附法处理水、废水或污水等。此外,澳大利亚在脱气法处理水体、电化学方法处理水体、中和法处理水体、利用厌氧消化工艺处理水体等方面存在不足。

英国水污染防治技术专利的重点方向和优势技术包括添加或使用杀菌剂或用微动力处理水、废水或污水,氧化法处理水、废水或污水等。此外,英国在溶剂萃取法处理水体、脱气法处理水体、渗透法或反渗透法处理水体、用电凝聚法处理水体、水体的多级处理等方面存在不足。

俄罗斯水污染防治技术专利的重点方向和优势技术包括吸附法处理水、废水或污水,利用微生物为特征的水、废水或污水的生物处理等。此外,俄罗斯在离子交换法处理水体、使用杀菌剂或用微动力处理水体、水体中悬浮杂质的絮凝或沉淀、还原法处理水体等方面存在不足。

法国水污染防治技术专利的重点方向和优势技术包括吸附法处理水、废水或污水,氧化法处理水、废水或污水,吸附法处理水、废水或污水等。此外,法国在利用还原法处理水体、利用絮凝剂将悬浮固体微粒从水体中去除、用于水体净化的过滤材料、利用半透膜处理水体等方面存在不足。

5.4　主要国家水污染防治技术专利申请活跃性

下面根据水污染防治技术专利申请量、发明人数量、专利覆盖的技术类别数量三个指标的变化情况对主要国家水污染防治技术专利申请活跃性进行分析。

主要国家水污染防治技术专利申请量的变化情况如图5.13所示。我国专利申请量于2004年以后呈快速发展态势,近年来的专利申请量更是屡创新高,每年专利申请量超过700项;美国、日本、韩国、加拿大、澳大利亚等国家的专利申请在20世纪90年代快速发展,并于2010年前后达到专利申请量的峰值;德国、英国、俄罗斯、法国等国家的专利申请量多年来一直较少,近几年甚至无专利申请。

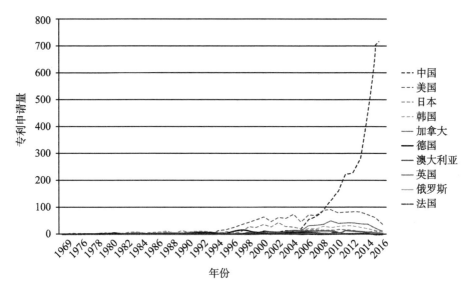

图5.13　主要国家水污染防治技术专利申请量的变化情况

主要国家水污染防治技术发明人数量的变化情况如图5.14所示。发明人数量的变化趋势和专利申请量的变化趋势非常相似,我国发明人数量近年来呈快速增多趋势,而其他国家发明人数量在高峰期之后呈下降趋势。

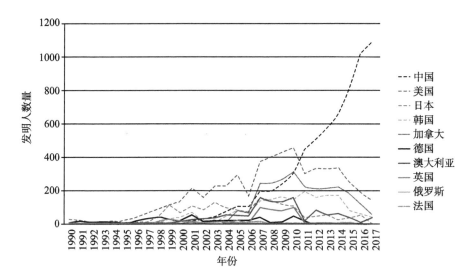

图5.14 主要国家水污染防治技术发明人数量的变化情况

主要国家水污染防治技术专利覆盖的技术类别数量的变化情况如图5.15所示。我国专利覆盖的技术类别数量在一段时间内呈不断增多趋势,而其他国家专利覆盖的技术类别数量在高峰期之后呈下降趋势或发展缓慢趋势。值得指出的是,美国和加拿大虽然当前专利覆盖的技术类别的数量呈

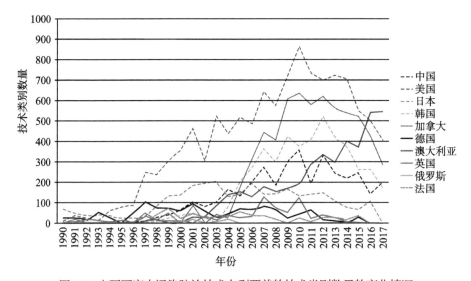

图5.15 主要国家水污染防治技术专利覆盖的技术类别数量的变化情况

下降趋势,但峰值时的数量仍多于我国当前专利覆盖的技术类别的数量。这说明,我国专利覆盖的技术类别和种类还有待进一步拓宽和发展。

综合上述三个指标的分析可以看出,当前我国水污染防治技术专利申请活动处于非常活跃的阶段,而其他国家的专利申请已过了发展高峰期,进入专利申请的不活跃时期。

5.5　小　结

全球水污染防治技术专利申请量最多的前10位国家依次是中国、美国、日本、韩国、加拿大、德国、澳大利亚、英国、俄罗斯和法国。其中,我国专利申请量远多于其他国家。

我国水污染防治技术专利申请起步较晚,但发展速度很快,当前专利申请非常活跃,近几年专利申请保持高速发展态势。美、日、韩、德、英、法等发达国家专利申请时间较早,但当前专利申请量较少。从专利的技术特点来看,各国水污染防治专利技术既具有优势也存在一些不足。

第6章　水污染防治技术专利主要专利权人分析

本章将对全球水污染防治技术专利申请量前21位(TOP 21)专利权人(下称主要专利权人)进行分析。

6.1　主要专利权人专利申请量

全球水污染防治技术专利申请量最多的前21位专利权人依次是中国科学院(含下属研究所、高校和企业)、南京大学、哈尔滨工业大学、中国石油化工集团公司、华南理工大学、江苏大学、同济大学、常州大学、北京益清源环保科技有限公司、浙江大学、东华大学、日本三菱公司、河海大学、济南大学、华东理工大学、山东大学、浙江海洋大学、日本栗田水处理公司、北京化工大学、北京工业大学和中国石油大学(见图6.1)。其中16家为高校,4家为企业,1家为科研机构。

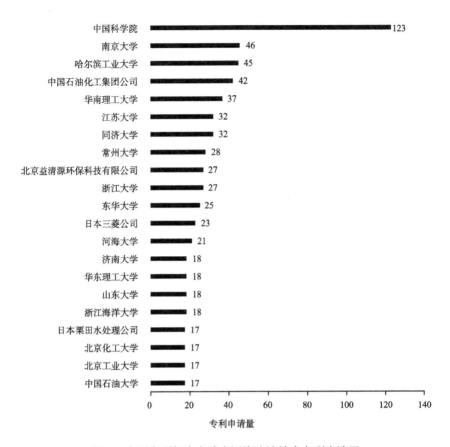

图6.1 主要专利权人全球水污染防治技术专利申请量

6.2 主要专利权人专利的重点技术分布

对主要专利权人水污染防治技术专利的重点技术领域的具体分析如下。

（1）中国科学院

中国科学院水污染防治技术专利的重点技术分布如表6.1所示，主要包括吸附法处理水、废水或污水（C02F-001/28）等。

表6.1 中国科学院水污染防治技术专利的重点技术分布

序号	IPC分类号	技术领域	专利数量
1	C02F-001/28	吸附法处理水、废水或污水	35
2	B01J-020/30	制备、再生或再活化吸附剂的方法	29
3	C02F-101/20	水、废水或污水中的污染物为重金属或重金属化合物	24
4	C02F-001/30	光照法处理水、废水或污水	23
5	C02F-003/34	以利用微生物为特征的水、废水或污水的生物处理	19
6	C02F-001/62	水、废水或污水中重金属化合物的去除	17
7	C02F-101/30	水、废水或污水中的污染物为有机化合物	14
8	B01J-020/28	以其形态或物理性能为特征固体吸附剂组合物或过滤助剂组合物	13
9	C02F-001/72	氧化法处理水、废水或污水	13
10	C02F-001/58	除去水、废水或污水中特定的溶解化合物	12

中国科学院的123项水污染防治技术专利由其下属的41家研究所、高校和企业所申请,其中专利数量排名前15位的直属机构如表6.2所示。可以看出,中国科学院生态环境研究中心的专利数量最多(16项),其次是中国科学院大连化学物理研究所(11项)、中国科学院合肥物质科学研究院(9项)、中国科学院过程工程研究所(9项)等。这四家直属机构水污染防治技术专利的重点技术分布如表6.3~6.6所示。

表6.2 水污染防治技术专利数量排名前15位的中国科学院直属机构

序号	机构名称	专利数量
1	中国科学院生态环境研究中心	16
2	中国科学院大连化学物理研究所	11
3	中国科学院合肥物质科学研究院	9
4	中国科学院过程工程研究所	9
5	中国科学院成都生物研究所	5

序号	机构名称	专利数量
6	中国科学院水生生物研究所	5
7	中国科学院海洋研究所	5
8	中国科学院城市环境研究所	4
9	中国科学院广州地球化学研究所	4
10	中国科学院南京地理与湖泊研究所	4
11	中国科学院理化技术研究所	4
12	中国科学院化学研究所	3
13	中国科学院南京土壤研究所	3
14	中国科学院兰州化学物理研究所	3
15	中国科学院新疆理化技术研究所	3

表6.3 中国科学院生态环境研究中心水污染防治技术专利的重点技术分布

序号	IPC分类号	技术领域	专利数量
1	C02F-001/72	氧化法处理水、废水或污水	3
2	C02F-101/30	水、废水或污水中的污染物为有机化合物	3
3	B01J-020/30	制备、再生或再活化吸附剂的方法	2
4	C02F-001/461	电解法处理水、废水或污水	2
5	C02F-001/50	添加或使用杀菌剂或用微动力处理水、废水或污水	2
6	C02F-001/58	除去水、废水或污水中特定的溶解化合物	2
7	C02F-001/78	用臭氧氧化法处理水、废水或污水	2
8	C02F-009/14	至少有一个生物处理步骤的水、废水或污水的多级处理	2

表6.4　中国科学院大连化学物理研究所水污染防治技术专利的重点技术分布

序号	IPC分类号	技术领域	专利数量
1	C02F-001/72	氧化法处理水、废水或污水	5
2	C02F-001/58	除去水、废水或污水中特定的溶解化合物	3
3	B01J-023/745	含铁的催化剂	2
4	B01J-023/75	含钴的催化剂	2
5	B01J-023/755	含镍的催化剂	2
6	B01J-035/10	以其表面性质或多孔性为特征的催化剂	2
7	B82Y-030/00	用于材料和表面科学的纳米技术	2
8	C02F-001/30	光照法处理水、废水或污水	2
9	C02F-003/34	以利用微生物为特征的水、废水或污水的生物处理	2
10	C02F-101/30	水、废水或污水中的污染物为有机化合物	2
11	C02F-101/32	水、废水或污水中的污染物为碳氢化合物	2
12	C12N-001/20	微生物(细菌)	2
13	C12R-001/01	细菌或放线菌目	2

表6.5　中国科学院合肥物质科学研究院水污染防治技术专利的重点技术分布

序号	IPC分类号	技术领域	专利数量
1	B01J-020/30	制备、再生或再活化吸附剂的方法	4
2	C02F-001/28	吸附法处理水、废水或污水	4
3	C02F-001/30	光照法处理水、废水或污水	4
4	B01J-020/06	包含金属氧化物或金属氢氧化物的固体吸附剂组合物或过滤助剂组合物	2
5	B01J-020/10	包含二氧化硅或硅酸盐的固体吸附剂组合物或过滤助剂组合物	2
6	B01J-020/22	包含有机材料的固体吸附剂组合物或过滤助剂组合物	2
7	B01J-020/28	以其形态或物理性能为特征固体吸附剂组合物或过滤助剂组合物	2
8	B01J-035/10	以其表面性质或多孔性为特征的催化剂	2
9	C02F-001/58	除去水、废水或污水中特定的溶解化合物	2

表 6.6 中国科学院过程工程研究所水污染防治技术专利的重点技术分布

序号	IPC 分类号	技术领域	专利数量
1	B01J-020/30	制备、再生或再活化吸附剂的方法	3
2	C02F-001/28	吸附法处理水、废水或污水	3
3	C02F-001/62	水、废水或污水中重金属化合物的去除	3
4	C02F-101/22	水/废水/污水中的污染物为铬或铬的化合物(例如铬酸盐)	3
5	B01J-020/28	以其形态或物理性能为特征固体吸附剂组合物或过滤助剂组合物	2
6	C02F-001/26	萃取法处理水、废水或污水	2
7	C02F-001/30	光照法处理水、废水或污水	2
8	C22B-034/32	难熔金属铬的提取	2

(2)南京大学

南京大学水污染防治技术专利的重点技术分布如表 6.7 所示,主要包括光照法处理水、废水或污水(C02F-001/30)等。

表 6.7 南京大学水污染防治技术专利的重点技术分布

序号	IPC 分类号	技术领域	专利数量
1	C02F-001/30	光照法处理水、废水或污水	16
2	B01J-020/30	制备、再生或再活化吸附剂的方法	7
3	C02F-001/28	吸附法处理水、废水或污水	7
4	C01B-003/04	用无机化合物生产氢或含氢混合气体的方法(如氨的分解法)	6
5	C02F-003/34	以利用微生物为特征的水、废水或污水的生物处理	6
6	C02F-101/20	水、废水或污水中的污染物为重金属或重金属化合物	6
7	C02F-101/30	水、废水或污水中的污染物为有机化合物	6
8	B01J-020/28	以其形态或物理性能为特征固体吸附剂组合物或过滤助剂组合物	5
9	C02F-001/72	氧化法处理水、废水或污水	5
10	C02F-101/34	含氧有机化合物污染物的性质	5

（3）哈尔滨工业大学

哈尔滨工业大学水污染防治技术专利的重点技术分布如表6.8所示，主要包括以利用微生物为特征的水、废水或污水的生物处理（C02F-003/34）等。

表6.8 哈尔滨工业大学水污染防治技术专利的重点技术分布

序号	IPC分类号	技术领域	专利数量
1	C02F-003/34	以利用微生物为特征的水、废水或污水的生物处理	11
2	C02F-001/72	氧化法处理水、废水或污水	10
3	C12N-001/20	微生物（细菌）	8
4	C02F-001/78	用臭氧氧化法处理水、废水或污水	7
5	C02F-003/00	水、废水或污水的生物处理	7
6	C02F-001/30	光照法处理水、废水或污水	6
7	C02F-003/32	以利用动物或植物为特征的水、废水或污水的生物处理方法	6
8	C02F-001/58	除去水、废水或污水中特定的溶解化合物	4
9	C02F-101/30	水、废水或污水中的污染物为有机化合物	4
10	C12R-001/38	细菌或放线菌目（假单胞菌属）	4

（4）中国石油化工集团公司

中国石油化工集团公司水污染防治技术专利的重点技术分布如表6.9所示，主要包括以利用微生物为特征的水、废水或污水的生物处理（C02F-003/34）等。

表6.9 中国石油化工集团公司水污染防治技术专利的重点技术分布

序号	IPC分类号	技术领域	专利数量
1	C02F-003/34	以利用微生物为特征的水、废水或污水的生物处理	15
2	C02F-003/30	氧化法处理水、废水或污水	12
3	C02F-009/14	至少有一个生物处理步骤的水、废水或污水的多级处理	8
4	C02F-101/16	水、废水或污水中的污染物为含氮无机化合物	8

序号	IPC分类号	技术领域	专利数量
5	C02F-009/04	至少有一个化学处理步骤的水、废水或污水的多级处理	5
6	C02F-001/50	添加或使用杀菌剂或用微动力处理水、废水或污水	4
7	C12N-001/20	微生物(细菌)	4
8	C02F-001/44	渗透法或反渗透法处理水、废水或污水	3
9	C02F-001/72	氧化法处理水、废水或污水	3
10	C02F-003/12	用活性污泥法好氧工艺对水、废水或污水进行生物处理	3
11	C02F-005/10	使用有机物质的水的软化和防垢方法	3
12	C02F-103/36	来自有机化合物生产的待处理水、废水、污水或污泥	3
13	C12M-001/00	酶学或微生物学装置	3

(5)华南理工大学

华南理工大学水污染防治技术专利的重点技术分布如表6.10所示,主要包括以利用微生物为特征的水、废水或污水的生物处理(C02F-003/34)等。

表6.10 华南理工大学水污染防治技术专利的重点技术分布

序号	IPC分类号	技术领域	专利数量
1	C02F-003/34	以利用微生物为特征的水、废水或污水的生物处理	10
2	C02F-001/72	氧化法处理水、废水或污水	9
3	C02F-001/30	光照法处理水、废水或污水	8
4	C02F-101/30	水、废水或污水中的污染物为有机化合物	7
5	C02F-001/28	吸附法处理水、废水或污水	4
6	B01J-020/30	制备、再生或再活化吸附剂的方法	3
7	C02F-101/10	水、废水或污水中的污染物为无机化合物	3
8	B01J-020/22	包含有机材料的固体吸附剂组合物或过滤助剂组合物	2

序号	IPC分类号	技术领域	专利数量
9	B01J-031/22	含有有机配合物的催化剂	2
10	C02F-001/62	水、废水或污水中重金属化合物的去除	2
11	C02F-003/02	利用好氧工艺对水、废水或污水进行生物处理	2
12	C02F-009/04	至少有一个化学处理步骤的水、废水或污水的多级处理	2
13	C02F-101/16	水、废水或污水中的污染物为含氮无机化合物	2
14	C02F-101/34	水、废水或污水中的污染物为含氧有机化合物	2
15	C12N-001/20	微生物（细菌）	2

（6）江苏大学

江苏大学水污染防治技术专利的重点技术分布如表6.11所示，主要包括光照法处理水、废水或污水（C02F-001/30）等。

表6.11 江苏大学水污染防治技术专利的重点技术分布

序号	IPC分类号	技术领域	专利数量
1	C02F-001/30	光照法处理水、废水或污水	18
2	C02F-001/28	吸附法处理水、废水或污水	10
3	B01J-020/30	制备、再生或再活化吸附剂的方法	7
4	B01J-027/18	包含带有金属的含氧化合物的催化剂	7
5	C02F-101/38	水、废水或污水中的污染物为含氮有机化合物	7
6	C02F-001/72	氧化法处理水、废水或污水	5
7	C02F-101/30	水、废水或污水中的污染物为有机化合物	5
8	A01P-001/00	消毒剂；抗微生物化合物或其组合物	4
9	B01J-020/20	包含游离碳的固体吸附剂组合物或过滤助剂组合物	4
10	B01J-020/28	以其形态或物理性能为特征固体吸附剂组合物或过滤助剂组合物	4
11	C02F-001/50	添加或使用杀菌剂或用微动力处理水、废水或污水	4
12	C02F-101/34	水、废水或污水中的污染物为含氧有机化合物	4

（7）同济大学

同济大学水污染防治技术专利的重点技术分布如表6.12所示，主要包括吸附法处理水、废水或污水（C02F-001/28）等。

表6.12 同济大学水污染防治技术专利的重点技术分布

序号	IPC分类号	技术领域	专利数量
1	C02F-001/28	吸附法处理水、废水或污水	10
2	C02F-001/72	氧化法处理水、废水或污水	9
3	C02F-001/70	还原法处理水、废水或污水	5
4	C02F-101/30	水、废水或污水中的污染物为有机化合物	5
5	B01J-020/30	制备、再生或再活化吸附剂的方法	4
6	C02F-001/46	用电化学方法处理水、废水或污水	4
7	C02F-001/52	利用悬浮杂质的絮凝或沉淀处理水、废水或污水	4
8	C02F-001/50	添加或使用杀菌剂或用微动力处理水、废水或污水	3
9	C02F-001/58	除去水、废水或污水中特定的溶解化合物	3
10	C02F-001/62	水、废水或污水中重金属化合物的去除	3
11	C02F-003/34	以利用微生物为特征的水、废水或污水的生物处理	3

（8）常州大学

常州大学水污染防治技术专利的重点技术分布如表6.13所示，主要包括光照法处理水、废水或污水（C02F-001/30）等。

表6.13 常州大学水污染防治技术专利的重点技术分布

序号	IPC分类号	技术领域	专利数量
1	C02F-001/30	光照法处理水、废水或污水	5
2	C02F-001/70	还原法处理水、废水或污水	5
3	C02F-003/34	以利用微生物为特征的水、废水或污水的生物处理	4
4	C12N-001/20	微生物（细菌）	4

110

序号	IPC分类号	技术领域	专利数量
5	C02F-001/58	除去水、废水或污水中特定的溶解化合物	3
6	B01J-020/30	制备、再生或再活化吸附剂的方法	2
7	B01J-027/18	包含带有金属的含氧化合物的催化剂	2
8	C02F-001/28	吸附法处理水、废水或污水	2
9	C02F-001/32	用紫外线照射处理水、废水或污水	2
10	C02F-001/461	电解法处理水、废水或污水	2
11	C02F-001/62	水、废水或污水中重金属化合物的去除	2
12	C02F-009/04	至少有一个化学处理步骤的水、废水或污水的多级处理	2
13	C12R-001/01	细菌或放线菌目	2

(9)北京益清源环保科技有限公司

北京益清源环保科技有限公司水污染防治技术专利的重点技术分布如表6.14所示,主要包括电解法处理水、废水或污水(C02F-001/461)等。

表6.14 北京益清源环保科技有限公司水污染防治技术专利的重点技术分布

序号	IPC分类号	技术领域	专利数量
1	C02F-001/461	电解法处理水、废水或污水	27
2	C02F-001/72	氧化法处理水、废水或污水	16
3	C02F-101/34	水、废水或污水中的污染物为含氧有机化合物	16
4	C02F-101/36	水、废水或污水中的污染物为含卤素有机化合物	7
5	C02F-101/38	水、废水或污水中的污染物为含氮有机化合物	6
6	C02F-101/30	水、废水或污水中的污染物为有机化合物	4
7	C02F-001/467	用电化学消毒处理水、废水或污水	2

(10)浙江大学

浙江大学水污染防治技术专利的重点技术分布如表6.15所示,主要包括以利用微生物为特征的水、废水或污水的生物处理(C02F-003/34)等。

表6.15 浙江大学水污染防治技术专利的重点技术分布

序号	IPC分类号	技术领域	专利数量
1	C02F-003/34	以利用微生物为特征的水、废水或污水的生物处理	12
2	C02F-001/28	吸附法处理水、废水或污水	4
3	C02F-001/72	氧化法处理水、废水或污水	4
4	C02F-009/04	至少有一个化学处理步骤的水、废水或污水的多级处理	3
5	C12R-001/01	细菌或放线菌目	3
6	C02F-003/28	用厌氧消化工艺对水、废水或污水进行生物处理	2
7	C02F-003/30	氧化法处理水、废水或污水	2
8	C02F-009/14	至少有一个生物处理步骤的水、废水或污水的多级处理	2
9	C02F-101/12	水、废水或污水中的污染物为卤素或含卤素的化合物	2
10	C02F-101/16	水、废水或污水中的污染物为含氮无机化合物	2
11	C02F-101/32	水、废水或污水中的污染物为碳氢化合物	2
12	C12N-001/20	微生物(细菌)	2

(11)东华大学

东华大学水污染防治技术专利的重点技术分布如表6.16所示,主要包括光照法处理水、废水或污水(C02F-001/30)等。

表6.16 东华大学水污染防治技术专利的重点技术分布

序号	IPC分类号	技术领域	专利数量
1	C02F-001/30	光照法处理水、废水或污水	18
2	C02F-001/28	吸附法处理水、废水或污水	14
3	C02F-001/72	氧化法处理水、废水或污水	13
4	B01J-031/38	包含钛、锆或铪的的无机金属化合物的催化剂	6
5	C02F-101/30	水、废水或污水中的污染物为有机化合物	6

序号	IPC分类号	技术领域	专利数量
6	B01J-020/02	包含无机材料的固体吸附剂组合物或过滤助剂组合物	4
7	B01J-020/24	包含天然存在的大分子化合物(如腐殖酸或其衍生物)的固体吸附剂组合物或过滤助剂组合物	4
8	B01J-020/28	以其形态或物理性能为特征固体吸附剂组合物或过滤助剂组合物	4
9	B01J-035/06	以纤维或细丝为特征的催化剂	4
10	C02F-101/20	水、废水或污水中的污染物为重金属或重金属化合物	4

(12)日本三菱公司

日本三菱公司水污染防治技术专利的重点技术分布如表6.17所示,主要包括除去水、废水或污水中特定的溶解化合物(C02F-001/58)等。

表6.17　日本三菱公司水污染防治技术专利的重点技术分布

序号	IPC分类号	技术领域	专利数量
1	C02F-001/58	除去水、废水或污水中特定的溶解化合物	7
2	C02F-001/28	吸附法处理水、废水或污水	6
3	C02F-001/70	还原法处理水、废水或污水	5
4	C02F-003/34	以利用微生物为特征的水、废水或污水的生物处理	4
5	C12N-001/20	微生物(细菌)	4
6	B01D-021/01	用絮凝剂将悬浮固体微粒从液体中分离	3
7	C02F-001/46	用电化学方法处理水、废水或污水	3
8	C02F-001/50	添加或使用杀菌剂或用微动力处理水、废水或污水	3
9	C02F-001/52	利用悬浮杂质的絮凝或沉淀处理水、废水或污水	3
10	C02F-001/62	水、废水或污水中重金属化合物的去除	3
11	C02F-001/72	氧化法处理水、废水或污水	3
12	C02F-003/12	用活性污泥法好氧工艺对水、废水或污水进行生物处理	3
13	C02F-011/00	污泥的处理及其装置	3

（13）河海大学

河海大学水污染防治技术专利的重点技术分布如表6.18所示，主要包括水、废水或污水中的污染物为有机化合物（C02F-101/30）等。

表6.18 河海大学水污染防治技术专利的重点技术分布

序号	IPC分类号	技术领域	专利数量
1	C02F-101/30	水、废水或污水中的污染物为有机化合物	5
2	C02F-001/28	吸附法处理水、废水或污水	4
3	C02F-003/32	以利用动物或植物为特征的水、废水或污水的生物处理方法	4
4	C02F-101/20	水、废水或污水中的污染物为重金属或重金属化合物	4
5	B01J-020/30	制备、再生或再活化吸附剂的方法	3
6	B01J-023/50	包含银的催化剂	3
7	C02F-011/00	污泥的处理及其装置	3
8	C02F-101/34	水、废水或污水中的污染物为含氧有机化合物	3
9	B01J-020/20	包含游离碳的固体吸附剂组合物或过滤助剂组合物	2
10	C02F-001/30	光照法处理水、废水或污水	2
11	C02F-003/02	利用好氧工艺对水、废水或污水进行生物处理	2

（14）济南大学

济南大学水污染防治技术专利的重点技术分布如表6.19所示，主要包括氧化法处理水、废水或污水（C02F-001/72）等。

表6.19 济南大学水污染防治技术专利的重点技术分布

序号	IPC分类号	技术领域	专利数量
1	C02F-001/72	氧化法处理水、废水或污水	5
2	C02F-001/30	光照法处理水、废水或污水	4
3	C02F-001/70	还原法处理水、废水或污水	4
4	C02F-001/28	吸附法处理水、废水或污水	3

序号	IPC分类号	技术领域	专利数量
5	C02F-001/58	除去水、废水或污水中特定的溶解化合物	3
6	C02F-101/38	水、废水或污水中的污染物为含氮有机化合物	3
7	B01J-031/38	包含钛、锆或铪的的无机金属化合物的催化剂	2
8	B01J-035/10	以其表面性质或多孔性为特征的催化剂	2
9	C02F-001/52	利用悬浮杂质的絮凝或沉淀处理水、废水或污水	2
10	C02F-003/32	以利用动物或植物为特征的水、废水或污水的生物处理方法	2
11	C02F-101/30	水、废水或污水中的污染物为有机化合物	2

(15)华东理工大学

华东理工大学水污染防治技术专利的重点技术分布如表6.20所示,主要包括光照法处理水、废水或污水(C02F-001/30)等。

表6.20　华东理工大学水污染防治技术专利的重点技术分布

序号	IPC分类号	技术领域	专利数量
1	C02F-001/30	光照法处理水、废水或污水	6
2	C02F-101/38	水、废水或污水中的污染物为含氮有机化合物	4
3	B01J-031/22	含有有机配合物的催化剂	3
4	C02F-001/72	氧化法处理水、废水或污水	3
5	C02F-101/34	水、废水或污水中的污染物为含氧有机化合物	3
6	B01J-027/08	含卤化物的催化剂	2
7	B01J-027/135	含钛、锆、铪、锗、锡或铅的催化剂	2
8	B01J-027/18	包含带有金属的含氧化合物的催化剂	2
9	C02F-101/30	水、废水或污水中的污染物为有机化合物	2
10	C02F-101/36	水、废水或污水中的污染物为含卤素有机化合物	2

（16）山东大学

山东大学水污染防治技术专利的重点技术分布如表6.21所示，主要包括以利用微生物为特征的水、废水或污水的生物处理（C02F-003/34）等。

表6.21 山东大学水污染防治技术专利的重点技术分布

序号	IPC分类号	技术领域	专利数量
1	C02F-003/34	以利用微生物为特征的水、废水或污水的生物处理	6
2	C02F-001/28	吸附法处理水、废水或污水	5
3	B01J-020/30	制备、再生或再活化吸附剂的方法	4
4	C02F-001/62	水、废水或污水中重金属化合物的去除	3
5	C02F-101/20	水、废水或污水中的污染物为重金属或重金属化合物	3
6	C12N-001/20	微生物（细菌）	3
7	C12R-001/01	细菌或放线菌目	3
8	B01J-020/26	包含有机材料（合成大分子化合物）的固体吸附剂组合物或过滤助剂组合物	2
9	B01J-020/28	以其形态或物理性能为特征固体吸附剂组合物或过滤助剂组合物	2
10	C02F-001/30	光照法处理水、废水或污水	2
11	C02F-101/10	水、废水或污水中的污染物为无机化合物	2
12	C02F-101/30	水、废水或污水中的污染物为有机化合物	2
13	C02F-101/38	水、废水或污水中的污染物为含氮有机化合物	2

（17）浙江海洋大学

浙江海洋大学水污染防治技术专利的重点技术分布如表6.22所示，主要包括吸附法处理水、废水或污水（C02F-001/28）等。

表6.22　浙江海洋大学水污染防治技术专利的重点技术分布

序号	IPC分类号	技术领域	专利数量
1	C02F-001/28	吸附法处理水、废水或污水	11
2	B01J-020/30	制备、再生或再活化吸附剂的方法	7
3	C02F-101/20	水、废水或污水中的污染物为重金属或重金属化合物	7
4	B01J-020/24	包含天然存在的大分子化合物(如腐殖酸或其衍生物)的固体吸附剂组合物或过滤助剂组合物	6
5	B01J-020/28	以其形态或物理性能为特征固体吸附剂组合物或过滤助剂组合物	5
6	C02F-001/30	光照法处理水、废水或污水	3
7	B01J-020/26	包含有机材料(合成大分子化合物)的固体吸附剂组合物或过滤助剂组合物	2
8	B01J-031/38	包含钛、锆或铪的的无机金属化合物的催化剂	2
9	C02F-001/40	分离或去除油脂或油状物质或类似浮游物的装置	2
10	C02F-001/52	利用悬浮杂质的絮凝或沉淀处理水、废水或污水	2
11	C02F-001/54	使用有机物对水、废水或污水的悬浮杂质进行絮凝或沉淀处理	2
12	C02F-001/72	氧化法处理水、废水或污水	2
13	C02F-003/12	用活性污泥法好氧工艺对水、废水或污水进行生物处理	2
14	C02F-011/02	污泥的生物处理	2
15	C02F-101/30	水、废水或污水中的污染物为有机化合物	2
16	C02F-101/32	水、废水或污水中的污染物为碳氢化合物	2
17	C02F-101/34	水、废水或污水中的污染物为含氧有机化合物	2
18	C12R-001/01	细菌或放线菌目	2

　(18)日本栗田水处理公司

　日本栗田水处理公司水污染防治技术专利的重点技术分布如表6.23所示,主要包括除去水、废水或污水中特定的溶解化合物(C02F-001/58)等。

表6.23 日本栗田水处理公司水污染防治技术专利的重点技术分布

序号	IPC分类号	技术领域	专利数量
1	C02F-001/58	除去水、废水或污水中特定的溶解化合物	8
2	C02F-001/62	水、废水或污水中重金属化合物的去除	5
3	C02F-001/70	还原法处理水、废水或污水	3
4	C02F-001/28	吸附法处理水、废水或污水	2
5	C02F-001/42	离子交换法处理水、废水或污水	2
6	C02F-001/50	添加或使用杀菌剂或用微动力处理水、废水或污水	2
7	C02F-001/56	使用高分子化合物对水、废水或污水中的悬浮杂质进行絮凝或沉淀处理	2
8	C02F-001/66	中和法处理水、废水或污水	2
9	C02F-001/72	氧化法处理水、废水或污水	2
10	C02F-001/74	用空气对水、废水或污水进行氧化处理	2
11	C02F-009/00	水、废水或污水的多级处理	2
12	C02F-103/40	来自感光材料的生产或使用所产生的水、废水或污水	2

(19)北京化工大学

北京化工大学水污染防治技术专利的重点技术分布如表6.24所示,主要包括吸附法处理水、废水或污水(C02F-001/28)等。

表6.24 北京化工大学水污染防治技术专利的重点技术分布

序号	IPC分类号	技术领域	专利数量
1	C02F-001/28	吸附法处理水、废水或污水	7
2	B01J-020/30	制备、再生或再活化吸附剂的方法	5
3	C02F-001/30	光照法处理水、废水或污水	4
4	C02F-101/30	水、废水或污水中的污染物为有机化合物	4
5	B01J-020/28	以其形态或物理性能为特征固体吸附剂组合物或过滤助剂组合物	3
6	C02F-101/34	水、废水或污水中的污染物为含氧有机化合物	3

序号	IPC分类号	技术领域	专利数量
7	B01J-020/22	包含有机材料的固体吸附剂组合物或过滤助剂组合物	2
8	B01J-021/06	包含硅、钛、锆或铈及其氧化物或氢氧化物的催化剂	2
9	B01J-027/24	包含氮的化合物的催化剂	2
10	B01J-035/08	以球为特征的催化剂	2
11	C02F-001/00	水、废水或污水的处理	2
12	C02F-001/461	电解法处理水、废水或污水	2
13	C02F-001/62	水、废水或污水中重金属化合物的去除	2
14	C02F-001/72	氧化法处理水、废水或污水	2
15	C02F-101/38	水、废水或污水中的污染物为含氮有机化合物	2

（20）北京工业大学

北京工业大学水污染防治技术专利的重点技术分布如表6.25所示，主要包括以利用微生物为特征的水、废水或污水的生物处理（C02F-003/34）等。

表6.25　北京工业大学水污染防治技术专利的重点技术分布

序号	IPC分类号	技术领域	专利数量
1	C02F-003/34	以利用微生物为特征的水、废水或污水的生物处理	6
2	C02F-003/30	氧化法处理水、废水或污水	5
3	C02F-003/12	用活性污泥法好氧工艺对水、废水或污水进行生物处理	3
4	C02F-009/14	至少有一个生物处理步骤的水、废水或污水的多级处理	3
5	C02F-001/30	光照法处理水、废水或污水	2
6	C02F-003/28	用厌氧消化工艺对水、废水或污水进行生物处理	2
7	C02F-101/16	水、废水或污水中的污染物为含氮无机化合物	2

（21）中国石油大学

中国石油大学水污染防治技术专利的重点技术分布如表6.26所示，主要包括光照法处理水、废水或污水（C02F-001/30）等。

表6.26 中国石油大学水污染防治技术专利的重点技术分布

序号	IPC分类号	技术领域	专利数量
1	C02F-001/30	光照法处理水、废水或污水	5
2	C02F-001/78	用臭氧对水、废水或污水进行氧化处理	4
3	C02F-101/34	水、废水或污水中的污染物为含氧有机化合物	4
4	C02F-001/28	吸附法处理水、废水或污水	3
5	C02F-101/30	水、废水或污水中的污染物为有机化合物	3
6	B01J-027/08	含卤化物的催化剂	2
7	C02F-001/52	利用悬浮杂质的絮凝或沉淀处理水、废水或污水	2
8	C02F-001/72	氧化法处理水、废水或污水	2
9	C02F-003/28	用厌氧消化工艺对水、废水或污水进行生物处理	2
10	C02F-003/34	以利用微生物为特征的水、废水或污水的生物处理	2

6.3 主要专利权人国别分析

主要专利权人国别分布如表6.27所示。其中只有2家为日本机构（三菱公司和栗田水处理公司），其余专利权人均为中国机构。

表6.27 主要专利权人国别分布

序号	专利权人	专利数量	所属国家
1	中国科学院	123	中国
2	南京大学	46	中国
3	哈尔滨工业大学	45	中国
4	中国石油化工集团公司	42	中国
5	华南理工大学	37	中国

续表

序号	专利权人	专利数量	所属国家
6	江苏大学	32	中国
7	同济大学	32	中国
8	常州大学	28	中国
9	北京益清源环保科技有限公司	27	中国
10	浙江大学	27	中国
11	东华大学	25	中国
12	三菱公司	23	日本
13	河海大学	21	中国
14	济南大学	18	中国
15	华东理工大学	18	中国
16	山东大学	18	中国
17	浙江海洋大学	18	中国
18	栗田水处理公司	17	日本
19	北京化工大学	17	中国
20	北京工业大学	17	中国
21	中国石油大学	17	中国

6.4　主要专利权人专利的全球布局分析

主要专利权人水污染防治技术专利族的全球布局情况如表6.28所示。

表6.28　主要专利权人水污染防治技术专利的全球布局

序号	专利权人	专利族数量	全球布局区域(专利族数)
1	中国科学院	123	中国(123)
			世界知识产权组织(2)

序号	专利权人	专利族数量	全球布局区域(专利族数)
2	南京大学	46	中国(45)
			美国(5)
			世界知识产权组织(2)
			澳大利亚(1)
3	哈尔滨工业大学	45	中国(45)
4	中国石油化工集团公司	42	中国(42)
5	华南理工大学	37	中国(37)
			世界知识产权组织(1)
6	江苏大学	32	中国(32)
7	同济大学	32	中国(32)
8	常州大学	28	中国(28)
9	北京益清源环保科技有限公司	27	中国(27)
10	浙江大学	27	中国(27)
11	东华大学	25	中国(25)
12	日本三菱公司	23	日本(20)
			澳大利亚(3)
			美国(16)
			加拿大(2)
			中国(4)
			中国香港(1)
			中国台湾(3)
			德国(1)
			欧洲专利局(6)
			法国(1)
			韩国(9)

序号	专利权人	专利族数量	全球布局区域(专利族数)
12	日本三菱公司	23	马来西亚(1)
			俄罗斯(1)
			巴西(1)
			世界知识产权组织(3)
13	河海大学	21	中国(21)
			新加坡(1)
			世界知识产权组织(1)
14	济南大学	18	中国(18)
15	华东理工大学	18	中国(18)
16	山东大学	18	中国(18)
17	浙江海洋大学	18	中国(18)
18	日本栗田水处理公司	17	日本(12)
			美国(1)
			加拿大(1)
			中国(6)
			中国台湾(4)
			德国(2)
			欧洲专利局(2)
			西班牙(1)
			韩国(3)
			泰国(1)
			世界知识产权组织(4)
19	北京化工大学	17	中国(17)
20	北京工业大学	17	中国(17)
21	中国石油大学	17	中国(17)

中国专利权人方面,中国科学院的专利全部在本国布局,其中2项在世界知识产权组织布局;南京大学有45项专利在本国布局,5项在美国布局,2项在世界知识产权组织布局,1项专利在澳大利亚布局;华南理工大学的专利全部在本国布局,其中1项在世界知识产权组织布局;河海大学的专利全部在本国布局,其中1项在新加坡布局,1项在世界知识产权组织布局;哈尔滨工业大学、中国石油化工集团公司、江苏大学、同济大学、常州大学、北京益清源环保科技有限公司、浙江大学、东华大学、济南大学、华东理工大学、山东大学、浙江海洋大学、北京化工大学、北京工业大学、中国石油大学的专利全部只在本国布局。

日本专利权人方面,日本三菱公司的专利布局广泛,除在本国布局外,有16项在美国布局,9项在韩国布局,6项在欧洲专利局布局,4项在中国布局,在世界知识产权组织、澳大利亚、中国台湾各有3项,在加拿大布局有2项,在中国香港、德国、法国、俄罗斯、巴西各有1项;日本栗田水处理公司的专利在全球布局也非常广泛,除在本国布局外,有6项在中国布局,有4项在中国台湾布局,有4项在世界知识产权组织布局,有3项在韩国布局,在欧洲专利局、德国各有2项,在美国、加拿大、西班牙、泰国各有1项。

通过以上分析可以看出,我国专利权人大多仅在国内布局,较少在国外布局,而日本专利权人在全球范围内进行专利布局,除在本国布局外,还在美国、加拿大、韩国、欧洲、中国、俄罗斯、巴西、西班牙、泰国等国家布局。由此可知,我国专利权人的全球专利保护意识不强。

6.5　主要专利权人全球专利合作分析

主要专利权人之间的专利合作关系如图6.2所示。其中,仅北京化工大学和中国科学院之间有1项专利合作,其他专利权人之间无专利合作关系。

主要专利权人与外部机构的专利合作情况如表6.29所示。

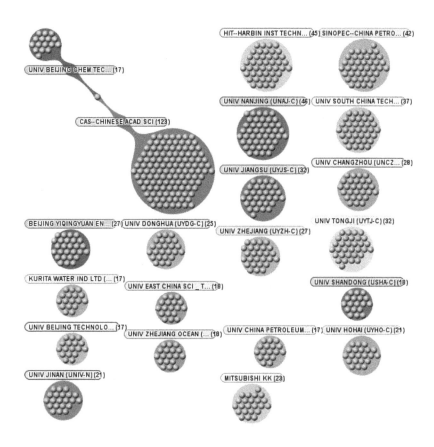

图6.2 主要专利权人之间的专利合作关系

表6.29 主要专利权人与外部机构的专利合作情况

序号	主要专利权人		合作机构名称	合作专利数量
1	中国科学院	中国科学院武汉岩土力学研究所	江苏中宜生态土研究院有限公司	2
		中国科学院遥感与数字地球研究所	生态环境部卫星环境应用中心	1
		中国科学院生态环境研究中心	上海城市水资源开发利用国家工程中心有限公司	1
		中国科学院高能物理研究所	北京化工大学	1
		中科京投环境科技江苏有限公司	东北大学	1
		中国科学院兰州化学物理研究所	盱眙凹土应用技术研发中心	1

序号	主要专利权人	合作机构名称	合作专利数量
2	南京大学	江苏中宜金大环保产业技术研究院有限公司	3
		上海市环境科学研究院	2
		江苏省环境科学研究院	1
		青岛科技大学	1
3	哈尔滨工业大学	江苏哈宜环保研究院有限公司	1
		松辽流域水资源保护局松辽流域水环境监测中心	1
4	中国石油化工集团公司	南化集团研究院	1
5	华南理工大学	广东电网有限责任公司电力科学研究院	1
		广州潮徽化工科技有限公司	1
		贵州科学院	1
		佛山科学技术学院	1
6	江苏大学		
7	同济大学	宝山钢铁股份有限公司	1
8	常州大学		
9	北京益清源环保科技有限公司		
10	浙江大学	新昌德力石化设备有限公司	1
		浙江逸盛石化有限公司	1
11	东华大学	上海三伊环境科技有限公司	9
		苏州康孚智能科技有限公司	2
		苏州思彬纳米科技有限公司	2
		上海天顺环保设备有限公司	1
12	日本三菱公司	GEMCO 公司	1
		JEMCO 公司	1

序号	主要专利权人	合作机构名称	合作专利数量
12	日本三菱公司	KYORITSU GLASS KK 日本共立玻璃公司	1
		NIPPON WATER TREATMENT CO LTD 日本水处理公司	1
		UNIV OSAKA PREFECTURE 大阪府立大学	1
		ZH TETSUDO SOGO GIJUTSU KENKYUSHO	1
13	河海大学	南京宁雅环境科技有限公司	1
		中国人民解放军广州军区联勤部净水研究所	1
14	济南大学		
15	华东理工大学		
16	山东大学		
17	浙江海洋大学		
18	日本栗田水处理公司	OSAKA GAS CO	2
		OTSUKA KAGAKU YAKUHINKK	1
19	北京化工大学	中国科学院高能物理研究所	1
20	北京工业大学		
21	中国石油大学	中国石油天然气集团公司(中国石油工程建设公司)	1

6.6　主要专利权人近期专利分析

主要专利权人在水污染防治技术领域的近期(2016—2018年)专利分析如下。

(1)中国科学院

中国科学院水污染防治技术近期专利有39项,如表6.30所示。

表6.30 中国科学院水污染防治技术近期专利

序号	专利号	专利名称	专利权人	申请年份
1	CN105540858	利用微曝气和沉水植物改善黑臭河道水质的系统及方法	中国科学院南京地理与湖泊研究所	2016
2	CN105664897	利用O/W/O双乳液模板制备磁性多孔微球吸附材料的方法	中国科学院兰州化学物理研究所	2016
3	CN105772052	一种固体芬顿催化剂及其制备方法与应用	中国科学院生态环境研究中心	2016
4	CN105967339	一种重金属污染灌溉水的生态塘净化处理的方法及装置	中国科学院亚热带农业生态研究所	2016
5	CN106006944	一种船载式黑臭水体治理设备	江苏中宜生态土研究院有限公司、中国科学院武汉岩土力学研究所	2016
6	CN106111052	$CoFe_2O_4$-SiO_2核-壳结构复合纳米颗粒及其制备方法和用途	中国科学技术大学	2016
7	CN106328236	一种处理废水中典型放射性核素的材料及其应用	中国科学院高能物理研究所	2016
8	CN106542632	一种微氧条件下启动硝化反应的方法	中国科学院沈阳自动化研究所	2016
9	CN106557029	一种黑臭河流水污染控制与治理的方法	中国科学院生态环境研究中心	2016
10	CN106600506	用于消除湖库型黑臭水体的治理方法	中国科学院生态环境研究中心	2016
11	CN106698825	一种河道围隔截污导流原位净化处理方法和系统	中国科学院南京地理与湖泊研究所	2016
12	CN106750470	一种金属有机框架复合材料、其制备方法及应用	中国科学院长春应用化学研究所	2016
13	CN107916243	用于处理重金属污染的微生物细胞和蛋白、相应的处理方法和试剂盒	中国科学院微生物研究所	2016
14	CN108147507	一种负载四氧化三钴的阴极碳材料活化过硫酸盐强化光电催化降解有机物的方法	中国科学院生态环境研究中心	2016
15	CN206219299	一种船载式黑臭水体治理设备	中国科学院武汉岩土力学研究所	2016

序号	专利号	专利名称	专利权人	申请年份
16	CN206232485	一种基于太阳能微纳米曝气的复合人工浮岛水处理装置	中科宇图科技股份有限公司	2016
17	CN107167431	一种基于光谱指数模型的黑臭水体识别方法及系统	中国科学院遥感与数字地球研究所	2017
18	CN107252677	一种高效镉吸附真菌菌剂及其制备方法和应用	中国科学院遗传与发育生物学研究所	2017
19	CN106622160	一种多功能净水沙及其制备方法和应用	中国科学院理化技术研究所	2017
20	CN107537522	银-卤化银负载铁纳米矿物的复合材料及其制备方法	中国科学院广州地球化学研究所	2017
21	CN107261567	一种提高黑臭水体透明度促进沉水植物自然生长的方法	中国科学院合肥物质科学研究院	2017
22	CN106881070	有机-无机杂化介孔吸附汞离子材料的制备方法	中科京投环境科技江苏有限公司	2017
23	CN106890632	一种去除水体重金属的有机无机复合水凝胶	中国科学院新疆理化技术研究所	2017
24	CN107398258	一种表面有机改性修饰蛭石复合材料的制备方法及用途	中国科学院新疆理化技术研究所	2017
25	CN107376921	一种废水深度处理用石墨烯多孔氧化镍复合催化剂及其制备方法和应用	中国科学院上海硅酸盐研究所苏州研究院	2017
26	CN106964310	一种用于重金属离子吸附的改性二硫化钼及其制备方法	中国科学院广州地球化学研究所	2017
27	CN107487817	一种磁性材料的制备及其去除水中放射性核素等的应用	中国科学院高能物理研究所	2017
28	CN106986501	一种电动渗透反应墙和人工湿地耦合处理污水的方法及装置	中国科学院水生生物研究所	2017
29	CN107365010	一种有机废水的预处理方法	中国科学院生态环境研究中心	2017
30	CN106882855	Cu_2MoS_4 纳米管在光催化中的应用	中国科学技术大学	2017
31	CN107892441	金属矿山水资源循环利用中污染物控制装置及控制方法	中国科学院地理科学与资源研究所	2017

序号	专利号	专利名称	专利权人	申请年份
32	CN107964102	一种ZIF-8	中国科学院上海高等研究院	2017
33	CN107376825	一种六方氮化硼材料及其制备方法和用途	中国科学院过程工程研究所	2017
34	CN107267435	一种溴代烃厌氧降解菌剂的制备方法及应用	中国科学院南京土壤研究所	2017
35	CN107913662	一种新颖的磁性铁/镧复合除砷吸附材料及其制备方法	中国科学院城市环境研究所	2017
36	CN106950263	一种多功能电化学传感器及其制备方法	中国科学院海洋研究所	2017
37	CN106892515	一种高浓度有机砷废水处理与砷资源化回收的方法	中国科学院生态环境研究中心	2017
38	CN108033566	一种重金属防控系统以及采用其的重金属防控方法	中国科学院地理科学与资源研究所	2017
39	CN107349940	一种Z型磁性纳米复合材料二硫化钼/四氧二铁酸钴光催化剂的制备方法及其应用	中国科学院东北地理与农业生态研究所	2017

（2）南京大学

南京大学水污染防治技术近期专利有15项，如表6.31所示。

表6.31　南京大学水污染防治技术近期专利

序号	专利号	专利名称	专利权人	申请年份
1	CN106434469	一种耐低温硝化菌剂及其制备方法和应用	江苏中宜金大环保产业技术研究院有限公司、南京大学	2016
2	CN106479935	一种废水处理用反硝化脱氮菌剂的制备方法	南京大学、江苏中宜金大环保产业技术研究院有限公司	2016
3	CN106492882	具酰胺基且负载纳米硫化镉光催化剂复合水凝胶的制备方法和应用	南京大学	2016
4	CN106517504	一种缓释碳源填料及其制备方法和应用	南京大学、江苏中宜金大环保产业技术研究院有限公司	2016
5	CN106830277	一种紫外过硫酸盐去除污水中非甾体抗炎药的高级氧化方法	南京大学	2017

序号	专利号	专利名称	专利权人	申请年份
6	CN106830473	一种紫外过氧化氢去除污水中非甾体抗炎药的高级氧化方法	南京大学	2017
7	CN106861635	磁性介孔氧化硅吸附剂及制备方法与其在去除水体中有机物和重金属复合污染中的应用	南京大学、江苏省环境科学研究院	2017
8	CN106955678	一种去除重金属阴离子的多孔纳米复合纤维膜的制备方法	南京大学	2017
9	CN107364934	电催化还原复合电极、制备方法及其应用	南京大学	2017
10	CN107442142	具有可见光催化活性的AgBr/ZVO催化剂及其制法和用途	南京大学	2017
11	CN107445253	树脂复合活性炭双层电极、制备方法及其应用	南京大学	2017
12	CN107744807	一种粉末催化材料、复合多孔纳米催化材料的制备及应用	南京大学(苏州)高新技术研究院	2017
13	CN107774258	一种粉末催化材料、含沸石复合多孔纳米催化材料的制备及应用	南京大学(苏州)高新技术研究院	2017
14	CN107876096	一种粉末催化材料、含聚苯胺复合多孔纳米催化材料的制备及应用	南京大学(苏州)高新技术研究院	2017
15	CN107890865	一种粉末催化材料、改性粉煤灰漂珠复合多孔催化材料的制备及应用	南京大学(苏州)高新技术研究院	2017

(3)哈尔滨工业大学

哈尔滨工业大学水污染防治技术近期专利有6项,如表6.32所示。

表6.32 哈尔滨工业大学水污染防治技术近期专利

序号	专利号	专利名称	专利权人	申请年份
1	CN105567597	一株高效阿特拉津降解菌及其应用以及筛选方法	哈尔滨工业大学宜兴环保研究院	2016
2	CN107098470	强化电荷再分布型潜流湿地污水反硝化脱氮装置及方法	哈尔滨工业大学	2017

序号	专利号	专利名称	专利权人	申请年份
3	CN107176700	一种利用好氧反硝化菌预驯化填料反应器处理生活污水的方法	哈尔滨工业大学	2017
4	CN107226520	一种催化臭氧化去除水中有机物的方法	哈尔滨工业大学	2017
5	CN107262104	一种微波快速合成铅、氧化石墨掺杂铁酸铋与泡沫镍复合材料的方法及应用	哈尔滨工业大学	2017
6	CN107721041	一种测量水中总卤代有机物的预处理方法	哈尔滨工业大学(深圳)研究生院	2017

(4)中国石油化工集团公司

中国石油化工集团公司水污染防治技术近期专利有5项,如表6.33所示。

表6.33 中国石油化工集团公司水污染防治技术近期专利

序号	专利号	专利名称	专利权人	申请年份
1	CN107311305	一种全程自养脱氮工艺的快速启动方法	中国石油化工股份有限公司、中国石油化工股份有限公司抚顺石油化工研究院	2016
2	CN107311306	一种短程硝化反硝化处理含氨污水的方法	中国石油化工股份有限公司、中国石油化工股份有限公司抚顺石油化工研究院	2016
3	CN107311307	一种难降解有机废水的处理方法	中国石油化工股份有限公司、中国石油化工股份有限公司抚顺石油化工研究院	2016
4	CN107473384	一种利用微藻处理氨氮废水的装置及方法	中国石油化工股份有限公司、中国石油化工股份有限公司北京化工研究院	2016
5	CN107473494	一种去除废水中氨氮的装置及方法	中国石油化工股份有限公司、中国石油化工股份有限公司北京化工研究院	2016

（5）华南理工大学

华南理工大学水污染防治技术近期专利有15项,如表6.34所示。

表6.34　华南理工大学水污染防治技术近期专利

序号	专利号	专利名称	专利权人	申请年份
1	CN105502688	一种利用微生物联合制剂同步溶藻/降解藻毒素的方法	华南理工大学	2016
2	CN105618089	一种Ag@AgCl修饰富勒烯/阴离子粘土复合光催化剂及其制备与应用	华南理工大学	2016
3	CN105854944	一种铜掺杂铁金属有机骨架材料及其制备方法与应用于活化过硫酸盐处理有机废水的方法	华南理工大学	2016
4	CN105906102	一种磷酸钴锂活化单过硫酸氢盐降解有机废水的方法	华南理工大学	2016
5	CN106006993	一种采用短短芽孢杆菌降解磷酸三苯酯的方法及其应用	华南理工大学	2016
6	CN106115932	海绵铁与微生物协同去除硫酸盐和$Cr(VI)$废水的方法	华南理工大学	2016
7	CN106396124	海绵铁与微生物协同去除硫酸盐和$Cu(II)$废水的方法	华南理工大学	2016
8	CN106513017	一种复合光催化材料及其制备方法和应用	华南理工大学、广州潮徽化工科技有限公司	2016
9	CN106587325	一种利用$Co_xFe_{1-x}P$材料非均相活化单过硫酸氢盐处理难降解废水的方法	华南理工大学	2016
10	CN106807414	一种磷酸银/溴化银/碳纳米管复合光催化剂及制备与应用	华南理工大学	2017
11	CN106890657	一种氧化石墨烯/磷酸银复合光催化剂及制备与应用	华南理工大学	2017
12	CN106902737	一种基于纳米银改性的茶叶渣生物碳材料及其制备方法与应用	华南理工大学	2017
13	CN106947719	一种伯克霍尔德菌*GYP1*及其在降解溴代阻燃剂中的应用	华南理工大学	2017
14	CN107055753	一种水体生物修复的方法及装置	华南理工大学	2017
15	CN107180987	耦合厌氧氨氧化技术的阴极高效脱氮型微生物燃料电池	华南理工大学 贵州科学院	2017

（6）江苏大学

江苏大学水污染防治技术近期专利有14项,如表6.35所示。

表6.35 江苏大学水污染防治技术近期专利

序号	专利号	专利名称	专利权人	申请年份
1	CN106076288	一种多孔离子/分子印迹聚合物的制备方法	江苏大学	2016
2	CN106076384	一种三元复合光催化材料及其制备方法和用途	江苏大学	2016
3	CN106311109	一种嵌入式中空磁性印迹光催化纳米反应器及其制备方法	江苏大学	2016
4	CN106345314	一种多孔氧化铁-氧化钛-活性炭复合纤维膜及制备方法	江苏大学	2016
5	CN106345477	一种磁性$Fe_3O_4@C/Co_3O_4$复合光催化剂的制备方法及用途	江苏大学	2016
6	CN106378195	一种Ag-POPD嵌入型磁性印迹光催化剂及其制备方法	江苏大学	2016
7	CN106732610	一种Ni掺杂磁性炭类芬顿催化剂的制备方法及应用	江苏大学	2016
8	CN106955726	一种选择性降解环丙沙星的分子印迹催化膜及制备方法	江苏大学	2017
9	CN106975447	一种磁性镍/碳纳米复合材料的制备方法及应用	江苏大学	2017
10	CN107029786	一种磁性复合光催化剂$Ppy@CdS/ZnFe_2O_4$及其制备方法和用途	江苏大学	2017
11	CN107115794	一步构建超疏水油水分离膜的方法及其应用	江苏大学	2017
12	CN107115843	一种源于花生壳改性活性炭的制备方法及其应用	江苏大学	2017
13	CN107497402	一种水稳定染料吸附剂及制备方法	江苏大学	2017
14	CN107661758	一种2-甲基咪唑基多级孔催化剂碳材料的制备方法及其用途	江苏大学	2017

(7)同济大学

同济大学水污染防治技术近期专利有9项,如表6.36所示。

表6.36 同济大学水污染防治技术近期专利

序号	专利号	专利名称	专利权人	申请年份
1	CN106006953	一种含盐氨氮废水的自养脱氮处理方法	同济大学	2016
2	CN106179174	用于去除水中污染物的层状复合金属氢氧化物及其制备方法和应用	同济大学	2016
3	CN106865730	一种基于原位价态转换体系处理有机磷废水的方法	同济大学	2017

序号	专利号	专利名称	专利权人	申请年份
4	CN106975437	一种过硫酸根插层层状复合金属氢氧化物的制备与应用	同济大学	2017
5	CN106984258	一种次氯酸根插层层状复合金属氢氧化物的制备与应用	同济大学	2017
6	CN107021526	一种高锰酸根插层层状复合金属氢氧化物的制备与应用	同济大学	2017
7	CN107497398	利用变化磁场增强磁性吸附剂吸附能力的方法	同济大学	2017
8	CN107697987	一体式纳米零价铁反应装置	同济大学	2017
9	CN107986443	一种适用于COD/N波动大的污水的全程自养脱氮方法	同济大学	2017

（8）常州大学

常州大学水污染防治技术近期专利有2项，如表6.37所示。

表6.37　常州大学水污染防治技术近期专利

序号	专利号	专利名称	专利权人	申请年份
1	CN106622311	一种具有毛细作用磷酸银光催化剂制备方法	常州大学	2016
2	CN107162294	一种海绵城市用雨水光电净化系统	常州大学	2017

（9）北京益清源环保科技有限公司

北京益清源环保科技有限公司水污染防治技术近期专利有27项，如表6.38所示。

表6.38　北京益清源环保科技有限公司水污染防治技术近期专利

序号	专利号	专利名称	专利权人	申请年份
1	CN106348404	具有电催化去除噻吩功能的改性石英粒子电极及制备方法	北京益清源环保科技有限公司	2016
2	CN106365268	具有电催化去除苯酚功能的改性活性炭粒子电极及制备方法	北京益清源环保科技有限公司	2016
3	CN106396004	具有电催化去除氯酚功能的改性石墨粒子电极及制备方法	北京益清源环保科技有限公司	2016

序号	专利号	专利名称	专利权人	申请年份
4	CN106396006	具有电催化去除苯胺功能的改性活性炭粒子电极及制备方法	北京益清源环保科技有限公司	2016
5	CN106396007	具有电催化去除苯醌功能的改性四氧化三铁粒子电极及制备方法	北京益清源环保科技有限公司	2016
6	CN106396010	具有电催化去除氯酚功能的改性陶瓷粒子电极及制备方法	北京益清源环保科技有限公司	2016
7	CN106396015	具有电催化去除呋喃功能的改性炭气凝胶粒子电极及制备方法	北京益清源环保科技有限公司	2016
8	CN106396019	具有电催化去除噻吩功能的改性沸石粒子电极及制备方法	北京益清源环保科技有限公司	2016
9	CN106396023	具有电催化去除氯酚功能的改性炭气凝胶粒子电极及制备方法	北京益清源环保科技有限公司	2016
10	CN106396025	具有电催化去除吲哚功能的改性碳纤维粒子电极及制备方法	北京益清源环保科技有限公司	2016
11	CN106430439	具有电催化去除噻吩功能的改性炭气凝胶粒子电极及制备方法	北京益清源环保科技有限公司	2016
12	CN106430442	具有电催化去除呋喃功能的改性四氧化三铁粒子电极及制备方法	北京益清源环保科技有限公司	2016
13	CN106430443	具有电催化去除吲哚功能的改性炭气凝胶粒子电极及制备方法	北京益清源环保科技有限公司	2016
14	CN106477680	具有电催化去除氯酚功能的改性四氧化三铁粒子电极及制备方法	北京益清源环保科技有限公司	2016
15	CN106495278	具有电催化去除苯酚功能的改性泡沫钛粒子电极及制备方法	北京益清源环保科技有限公司	2016
16	CN106495279	具有电催化去除氯酚功能的改性泡沫镍粒子电极及制备方法	北京益清源环保科技有限公司	2016
17	CN106495281	具有电催化去除咔唑功能的改性活性炭粒子电极及制备方法	北京益清源环保科技有限公司	2016
18	CN106495282	具有电催化去除苯醌功能的改性活性炭粒子电极及制备方法	北京益清源环保科技有限公司	2016

序号	专利号	专利名称	专利权人	申请年份
19	CN106495285	具有电催化去除吡啶功能的改性泡沫镍粒子电极及制备方法	北京益清源环保科技有限公司	2016
20	CN106495286	具有电催化去除苯醌功能的改性泡沫钛粒子电极及制备方法	北京益清源环保科技有限公司	2016
21	CN106495287	具有电催化去除氯酚功能的改性碳纤维粒子电极及制备方法	北京益清源环保科技有限公司	2016
22	CN106517432	具有电催化去除氯酚功能的改性沸石粒子电极及制备方法	北京益清源环保科技有限公司	2016
23	CN106517433	具有电催化去除苯酚功能的改性碳纤维粒子电极及制备方法	北京益清源环保科技有限公司	2016
24	CN106517435	具有电催化去除苯酚功能的改性石墨粒子电极及制备方法	北京益清源环保科技有限公司	2016
25	CN106517438	具有电催化去除噻吩功能的改性四氧化三铁粒子电极及制备方法	北京益清源环保科技有限公司	2016
26	CN106517444	具有电催化去除吲哚功能的改性沸石粒子电极及制备方法	北京益清源环保科技有限公司	2016
27	CN106542615	具有电催化去除氯酚功能的改性泡沫钛粒子电极及制备方法	北京益清源环保科技有限公司	2016

（10）浙江大学

浙江大学水污染防治技术近期专利有9项,如表6.39所示。

表6.39　浙江大学水污染防治技术近期专利

序号	专利号	专利名称	专利权人	申请年份
1	CN106117390	三维壳聚糖−金属环状配合物的制备方法、吸附剂及应用	浙江大学	2016
2	CN106242072	一种非脱羧勒克菌在降解正十六烷中的应用	浙江大学	2016
3	CN106362786	FeNi-N/Al$_2$O$_3$/C催化剂的制备方法、催化剂和应用	浙江大学	2016
4	CN106362787	一种沸石固载光催化剂的制备方法	浙江大学	2016
5	CN106834371	一种通过非脱羧勒克菌降解正十六烷制备表面活性剂的方法	浙江大学	2016

序号	专利号	专利名称	专利权人	申请年份
6	CN106698676	甲烷氧化耦合高氯酸盐还原菌群的富集方法及应用	浙江大学	2016
7	CN106830354	利用MBBR反应器富集甲烷氧化耦合高氯酸盐还原菌群的方法	浙江大学	2017
8	CN107118985	甲烷氧化耦合铬酸盐生物还原菌群的富集方法及应用	浙江大学	2017
9	CN107244734	利用甲烷基质MBfR还原硒酸盐和硝酸盐能力的评估方法	浙江大学	2017

(11)东华大学

东华大学水污染防治技术近期专利有14项,如表6.40所示。

表6.40 东华大学水污染防治技术近期专利

序号	专利号	专利名称	专利权人	申请年份
1	CN106423300	一种纤维/碳纳米管/$Bi_{12}TiO_{20}$三维可循环高效催化材料及其制备和应用	东华大学、苏州思彬纳米科技有限公司	2016
2	CN106423301	一种纤维/碳纳米管/Bi_2MoO_6三维可循环高效催化材料及其制备和应用	东华大学、苏州康孚智能科技有限公司	2016
3	CN106423302	一种纤维/碳纳米管/$BiPO_4$三维可循环高效催化材料及其制备和应用	东华大学、上海三伊环境科技有限公司	2016
4	CN106475065	一种苎麻氧化脱胶过程中制备重金属离子吸附剂的方法	东华大学	2016
5	CN106513054	一种纤维/碳纳米管/WO_3三维可循环高效催化材料及其制备和应用	东华大学	2016
6	CN106513058	一种纤维/碳纳米管/$SrTiO_3$三维可循环高效催化材料及其制备和应用	东华大学、上海三伊环境科技有限公司	2016
7	CN106732599	一种纤维/碳纳米管/$MgFe_2O_4$三维可循环高效催化材料及其制备和应用	东华大学	2016
8	CN106732789	一种纤维/碳纳米管/AgBiOX三维可循环高效催化材料及其制备和应用	东华大学、上海天顺环保设备有限公司	2016
9	CN106732795	一种纤维/碳纳米管/$BiFeO_3$三维可循环高效催化材料及其制备和应用	东华大学、苏州思彬纳米科技有限公司	2016
10	CN106732802	一种纤维/碳纳米管/Bi_2WO_6三维可循环高效催化材料及其制备和应用	东华大学、苏州康孚智能科技有限公司	2016

序号	专利号	专利名称	专利权人	申请年份
11	CN106732805	一种纤维/碳纳米管/BiVO$_4$三维可循环高效催化材料及其制备和应用	东华大学、上海三伊环境科技有限公司	2016
12	CN106732814	一种纤维/碳纳米管/锌酞菁三维可循环高效催化材料及其制备和应用	东华大学	2016
13	CN106732815	一种纤维/碳纳米管/TiO$_2$三维可循环高效催化材料及其制备和应用	东华大学	2016
14	CN107557894	一种高效高通量二维网状极细纳米纤维油水分离材料及其制备方法	东华大学	2017

(12)日本三菱公司

日本三菱公司2016—2018年在水污染防治技术领域无专利申请。

(13)河海大学

河海大学水污染防治技术近期专利有10项,如表6.41所示。

表6.41　河海大学水污染防治技术近期专利

序号	专利号	专利名称	专利权人	申请年份
1	CN105803001	一种利用微生物电解池实现剩余污泥产氢的方法	河海大学	2016
2	CN106011176	厌氧发酵与微生物电解池耦合实现剩余污泥产氢的方法	河海大学	2016
3	CN106186341	一种用于生态植草沟的基质填料及其制备方法	河海大学	2016
4	CN106495291	一种多元微电解填料及其制备方法和应用	河海大学	2016
5	CN106914261	一种碳酸银纳米球修饰的氧化石墨烯复合材料及其制备方法及应用	河海大学	2017
6	CN107364952	一种用于微污染原水预处理的串联曝气生物滤池工艺	河海大学	2017
7	CN107441936	一种Ag-TiO$_2$/SPES混合超滤膜及其制备方法和应用	河海大学	2017
8	CN107583605	一种吸附材料的制备方法及其应用	河海大学	2017
9	CN107935210	基于芦苇秸秆生物膜的自曝气装置及应用	河海大学	2017
10	CN107935339	一种水产养殖池塘底泥重金属稳定剂、其制作方法及其应用	河海大学	2017

（14）济南大学

济南大学水污染防治技术近期专利有6项，如表6.42所示。

表6.42　济南大学水污染防治技术近期专利

序号	专利号	专利名称	专利权人	申请年份
1	CN105565605	一种镀铬废水净水系统及净水方法	济南大学	2016
2	CN105585079	一种高效降解布洛芬电催化粒子电极及其制备方法	济南大学	2016
3	CN105642295	一种多孔复合光催化剂及其应用	济南大学	2016
4	CN105833912	一种基于金属有机骨架材料的微米马达催化剂制备方法	济南大学	2016
5	CN105833917	银负载二氧化钛纳米管–磁性壳聚糖/β-环糊精复合材料的制备方法及应用	济南大学	2016
6	CN106000396	一种$AgInO_2$表面原位负载形貌不同Ag颗粒的可见光响应光催化材料及其制备方法和应用	济南大学	2016

（15）华东理工大学

华东理工大学水污染防治技术近期专利有4项，如表6.43所示。

表6.43　华东理工大学水污染防治技术近期专利

序号	专利号	专利名称	专利权人	申请年份
1	CN105664854	一种生物炭负载纳米铁镍双金属材料制备方法及应用	华东理工大学	2016
2	CN106477831	一种污泥分级转化生产液体燃料的工艺方法	华东理工大学	2016
3	CN107570184	一种菱状羟基磷酸铜光催化材料的制备方法	华东理工大学	2017
4	CN107899594	一种碳点修饰羟基磷酸铜光催化材料及其制备方法	华东理工大学	2017

（16）山东大学

山东大学水污染防治技术近期专利有10项，如表6.44所示。

表6.44　山东大学水污染防治技术近期专利

序号	专利号	专利名称	专利权人	申请年份
1	CN105645686	一种原位化学治理修复重污染黑臭水体底泥的方法	山东大学	2016

序号	专利号	专利名称	专利权人	申请年份
2	CN105779356	一种微生物自组装纳米材料及其制备方法和应用	山东大学	2016
3	CN105821082	假交替单胞菌在制备纳米材料中的应用	山东大学	2016
4	CN105964250	一种具有可见光响应的$Ag_{10}Si_4O_{13}$光催化剂及其制备方法和应用	山东大学	2016
5	CN106215853	一种粉煤灰/铁酸钴磁性复合吸附材料的制备方法	山东大学	2016
6	CN106803599	以生活污水为原料制备微藻-微生物电池系统的方法	山东大学	2016
7	CN107020091	一种具有可见光响应的$Ag_4(GeO_4)$光催化剂及其制备方法和应用	山东大学	2017
8	CN107384904	一种用于去除硫化物的固定化异养微生物及其制备方法与应用	山东大学	2017
9	CN107857331	一种利用固体泡沫法回收去除废水中铜离子的方法	山东大学	2017
10	CN107866209	一种高选择性磁性染料吸附剂及其制备方法	山东大学	2017

(17)浙江海洋大学

浙江海洋大学水污染防治技术近期专利有15项,如表6.45所示。

表6.45 浙江海洋大学水污染防治技术近期专利

序号	专利号	专利名称	专利权人	申请年份
1	CN105854817	一种用于吸附降解石油烃的载银纳米二氧化钛气凝胶材料及其制备方法	浙江海洋大学	2016
2	CN105858805	一种复合型消油剂及其制备方法	浙江海洋大学	2016
3	CN105903441	一种纳晶纤维素磁性粒子的制备方法	浙江海洋大学	2016
4	CN105903449	一种羧基化纳晶纤维素磁性粒子吸附溶液中重金属的方法	浙江海洋大学	2016
5	CN105903450	一种纳晶纤维素磁性粒子吸附溶液中铅离子的方法	浙江海洋大学	2016
6	CN106563417	一种重金属生物吸附剂及其制备方法	浙江海洋大学	2016
7	CN106732428	一种饮用水重金属深度去除的吸附冲泡剂	浙江海洋大学	2016
8	CN107445291	一种基于改性污泥碱性水解液的强化污水氮素与双酚A同步去除的方法	浙江海洋大学	2017

序号	专利号	专利名称	专利权人	申请年份
9	CN107574184	一种利用海洋盐单胞菌属菌株制备重金属吸附剂的方法	浙江海洋大学	2017
10	CN107626285	一种利用海洋冷杆菌属菌株制备重金属吸附剂的方法	浙江海洋大学	2017
11	CN107674647	一种消油剂及制备方法	浙江海洋大学	2017
12	CN107737599	一种Ag/AgBr-硅藻土复合光催化剂的制备方法及应用方法	浙江海洋大学	2017
13	CN107758789	一种印染污水处理剂的制备及其应用	浙江海洋大学	2017
14	CN108002526	一种短程硝化工艺启动及运行性能强化方法	浙江海洋大学	2017
15	CN108046392	一种污水处理剂	浙江海洋大学	2017

(18)日本栗田水处理公司

日本栗田水处理公司水污染防治技术近期专利有1项,如表6.46所示。

表6.46 日本栗田水处理公司水污染防治技术近期专利

序号	专利号	专利名称	专利权人	申请年份
1	WO2015159711-A1; JP2015205237-A; JP2016179470-A; JP6202135-B2	Water quality management apparatus in water quality management system, has calculating section that selects water-treatment condition corresponding to several input water quality parameters with reference to countermeasure data 一种水质管理系统中的水质管理装置	日本栗田水处理公司	2016

(19)北京化工大学

北京化工大学水污染防治技术近期专利有9项,如表6.47所示。

表6.47 北京化工大学水污染防治技术近期专利

序号	专利号	专利名称	专利权人	申请年份
1	CN105688794	一种海胆状磁性纳米球及其制备与应用	北京化工大学	2016
2	CN106179233	具有双共轭效应的金属有机骨架材料的制备及其应用	北京化工大学	2016
3	CN106237975	一种高比表面大孔容硅酸镁吸附材料及其制备方法和应用	北京化工大学	2016

序号	专利号	专利名称	专利权人	申请年份
4	CN106328236	一种处理废水中典型放射性核素的材料及其应用	中国科学院高能物理研究所 北京化工大学	2016
5	CN106430576	一种高效脱氮的厌氧氨氧化膜生物反应系统及方法	北京化工大学	2016
6	CN106966466	一种利用氧化铜-二氧化铈电催化降解苯酚的方法	北京化工大学	2017
7	CN107159128	一种新型金属-有机骨架材料及其制备方法及用途	北京化工大学	2017
8	CN107442152	Fe/Co-NPS共掺杂的多孔碳微球的制备及其在有机污染物去除方面的应用	北京化工大学常州先进材料研究院	2017
9	CN107486225	一种四面体磷酸银/氧化石墨烯复合材料及其制备方法	北京化工大学	2017

(20)北京工业大学

北京工业大学水污染防治技术近期专利有10项,如表6.48所示。

表6.48 北京工业大学水污染防治技术近期专利

序号	专利号	专利名称	专利权人	申请年份
1	CN105861479	一种共固定化厌氧氨氧化菌-短程硝化细菌的方法及其应用	北京工业大学	2016
2	CN106006949	一种为深度脱氮富集聚糖菌的装置和方法	北京工业大学	2016
3	CN106082446	一种富集亚硝酸盐反硝化聚糖菌的装置和方法	北京工业大学	2016
4	CN106517539	定向快速筛选富集广谱性氨氧化细菌的方法	北京工业大学	2016
5	CN106587343	以广谱性反硝化细菌包埋生物活性填料针对地表水源水总N去除的方法	北京工业大学	2016
6	CN106745739	一种基于神经网络模型预测pH变化实现SBR短程硝化的方法	北京工业大学	2016
7	CN106757247	一种二氧化钛纳米管阵列固载花状氢氧化镁的方法	北京工业大学	2016
8	CN107029656	基于铁锰盐投加原位生成吸附剂的生物滤柱净化除砷方法	北京工业大学	2017
9	CN107162190	一种IEM-UF氮富集前置反硝化硝化脱氮方法及装置	北京工业大学	2017
10	CN206580610	源动力——景观用水除藻及藻类能源利用系统	北京工业大学	2017

（21）中国石油大学

中国石油大学水污染防治技术近期专利有8项，如表6.49所示。

表6.49 中国石油大学水污染防治技术近期专利

序号	专利号	专利名称	专利权人	申请年份
1	CN105854651	一种高渗透率混合基质膜及其制备方法和应用	中国石油大学（华东）	2016
2	CN106241880	一种由废旧锰干电池回收高纯二氧化锰的方法及用途	中国石油大学（华东）	2016
3	CN106902884	一种自支撑AgI复合光催化剂材料及其制备方法和应用	中国石油大学（华东）	2017
4	CN107176778	一种含油污泥掺烧微藻生物质脱除重金属的方法	中国石油大学（华东）	2017
5	CN107670685	一种有机废水臭氧氧化催化剂及其制备方法和应用	中国石油大学（北京）	2017
6	CN107694611	一种等级孔金属−有机骨架负载杂多酸催化剂的制备及应用	中国石油大学（华东）	2017
7	CN107930670	一种自支撑型均相化的多相催化材料及其制备方法和应用	中国石油大学（北京）	2017
8	CN108002490	一种去除铁系重金属污染土壤淋洗废液中重金属处理剂及其制备方法	中国石油大学（华东）	2017

6.7 小 结

全球水污染防治技术领域主要专利权人中，排名第一的中国科学院的专利数量远多于其他机构。就机构性质而言，其中16家为高校，4家为企业，1家为科研机构；就机构国别而言，其中19家为我国机构，仅2家（三菱公司和栗田水处理公司）为日本机构。

在全球布局方面，我国专利权人大多仅在国内布局，较少在国外布局，而日本专利权人在全球范围内进行专利布局。从这一点可以看出，我国专利权人专利的全球布局和保护意识较弱，这方面需要加强。

主要专利权人中，只有河海大学、日本三菱公司、日本栗田水处理公司分别在东盟十国申请了 1 项水污染防治技术专利,其他专利权人均未在东盟国家申请水污染防治技术专利;仅北京化工大学和中国科学院之间有 1 项专利合作,其他专利权人之间无专利合作关系;各专利权人的专利大多独自申请,只有极少量专利与外部机构合作申请;我国专利权人在 2016—2018 年技术创新和专利申请活跃,产出了较多新技术专利,而日本专利权人在 2016—2018 年较少申请新的技术专利。

第7章　总结与建议

长江流域面积180万平方公里，约占全国陆地总面积的20%，是我国重要的农业、工业和城市集聚区，也是重要的自然保护区分布区。

长江是我国重要的饮用水水源、航运通道和河流生态系统，在国民经济中占有举足轻重的地位。由于长江流域的点源污染还未得到有效控制，农业面源污染日益严重，我国长江流域的环境保护面临很大压力，目前长江流域干流局域水质下降、湖泊富营养化、三峡库湾和支流水质恶化等是长江面临的重要水污染问题。

我国正处于新型工业化、信息化、城镇化、农业现代化快速发展阶段，水污染防治任务繁重而艰巨。要以改善水环境质量为核心，按照"节水优先、空间均衡、系统治理、两手发力"原则，贯彻"安全、清洁、健康"方针，强化源头控制，水陆统筹、河海兼顾，对江河湖海实施分流域、分区域、分阶段科学治理，系统推进水污染防治、水生态保护和水资源管理。

基于上述研究可知，从对长江经济带11省市的水环境现状分析来看，长江上游的水环境质量好于长江中游，长江中游的水环境质量好于长江下游。长江经济带水体主要面临富营养化、重金属和有机物三种主要类型的水污染难题。物理、化学类等传统方法已无法适应当前水污染治理的发展形势，而生态型水体修复技术则越来越受关注，实际应用也日益广泛。从这三种水污染类型出发进行专利分析,发现当前全球水污染防治技术的创新和专利申请非常活跃,2016—2018 年专利申请最活跃的专利权人主要集中在我国,且主要为环保类企业。但我国专利权人大多仅在国内布局,我国专利权人专利的全球布局和保护意识亟待加强。近年来水全球污染防治技术技术创新和研发活动的热点主要集中于城市黑臭水体的治理、吸附剂/材料研发、催化剂研发、蓝藻治理、利用微生物处理水体、通过水产养殖改良水质等领域。

鉴于以上分析结果,提出以下主要建议。

(1)在长江流域保护规划和政策制定中,紧抓污染源头控制。在制定长江流域保护规划和实施方案过程中,围绕水环境质量改善这个核心目标,按照水文地理条件,科学划定流域管理范围。集中流域内相关政府部门、工业企业、农民、研究机构和公众力量,着力解决氮磷污染等、重金属、有机物等最突出的环境问题。

(2)加大资金投入,通过科技创新,促进高污染、大排放企业的升级转型,建设污染自处理系统和循环利用系统,推进环保设备的研发、生产和应用推广。在核发排污许可证过程中,要将污染物排放标准和环境质量标准作为确定污染源排放限值的双重约束,实现排污许可制度与水环境质量改善目标挂钩。

(3)加强防污染防治技术向高效、绿色、生态化、低成本、原创性、可推广、能应用、有奇效的方向发展。虽然我国水污染防治技术专利的数量远多于发达国家,但其中绝大多数为跟踪性技术,原创性技术较少。建议我国相关机构加强对原创性技术的研发,以期掌握更多拥有自主知识产权的水污染防治领域的核心和竞争性技术,在国际技术竞争中占据优势。同时我国水污染防治技术仍存在一些研究上的技术空白点和不足之处,比如发达国家当前研究的水体脱氮技术中的厌氧氨氧化和亚硝酸盐型厌氧甲烷氧化(N-DAMO)技术,我国目前对此研究较少,研发成果更是寥寥。建议我国水污染技术研发机构根据我国水污染实际情况,研发更加绿色、环保、生态化、高效低成本的水污染防治技术,在国际技术竞争中占据优势地位。

(4)注重加强全球的知识产权保护。我国水污染防治技术数量多、涉及的技术类别多、领域广、种类全,不仅有针对农业、生活、养殖等废水的处理技术,还有针对纺织、化工、冶炼、印染、油田、矿山等废水的防治和处理技术。建议我国专利权人积极走出国门,充分发挥技术的优势和特点,踊跃推动我国技术对外输出,特别要重视在经济较不发达地区尤其是"一带一路"沿线国家和第三世界国家进行技术专利布局和保护。

索　引

图书在版编目（CIP）数据

长江经济带水环境质量与防治技术专利分析 / 魏凤
等编著. —杭州 ：浙江大学出版社，2020.9
ISBN 978-7-308-20204-6

Ⅰ. ①长… Ⅱ. ①魏… Ⅲ. ①长江经济带—水环境—
环境质量—专利技术—研究 ②长江经济带—水污染防治—
专利技术—研究 Ⅳ. ①X143 ②X52

中国版本图书馆 CIP 数据核字（2020）第 075898 号

长江经济带水环境质量与防治技术专利分析

魏　凤　邓阿妹　郑启斌　等　编著

策划编辑	许佳颖
责任编辑	金佩雯
责任校对	陈静毅　蔡晓欢
封面设计	续设计
出版发行	浙江大学出版社
	（杭州市天目山路148号　邮政编码310007）
	（网址:http://www.zjupress.com）
排　版	杭州朝曦图文设计有限公司
印　刷	广东虎彩云印刷有限公司绍兴分公司
开　本	710mm×1000mm　1/16
印　张	10.5
字　数	140千
版 印 次	2020年9月第1版　2020年9月第1次印刷
书　号	ISBN 978-7-308-20204-6
定　价	78.00元